读懂宝宝的80种常见行为

黄艳萍 编著

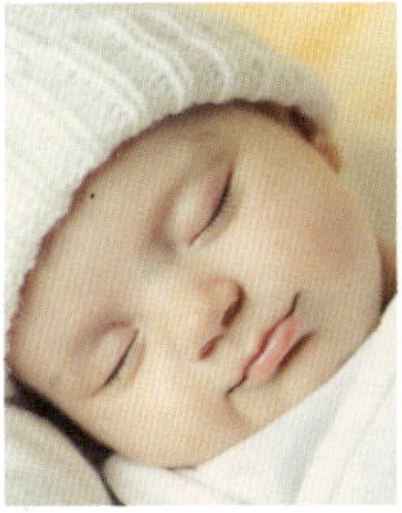

天津出版传媒集团
天津科技翻译出版有限公司

图书在版编目（CIP）数据

读懂宝宝的80种常见行为 / 黄艳萍编著. — 天津 : 天津科技翻译出版有限公司, 2020.6
ISBN 978-7-5433-3937-8

Ⅰ. ①读… Ⅱ. ①黄… Ⅲ. ①婴幼儿—行为分析 Ⅳ. ① B844.11

中国版本图书馆 CIP 数据核字（2019）第 114807 号

读懂宝宝的80种常见行为
DUDONG BAOBAO DE 80 ZHONG CHANGJIAN XINGWEI

黄艳萍　编著

出　　版：天津科技翻译出版有限公司
出 版 人：刘子媛
地　　址：天津市南开区白堤路 244 号
邮政编码：300192
电　　话：（022）87894896
传　　真：（022）87895650
网　　址：www.tsttpc.com
印　　厂：深圳市雅佳图印刷有限公司
发　　行：全国新华书店
版本记录：635mm×965mm　32 开本　5 印张　60 千字
2020 年 6 月第 1 版　　2020 年 6 月第 1 次印刷
定价：39.80 元

前言

“我家宝宝为什么会做出这样的动作呢？”“宝宝在干什么？”“宝宝正在想什么呢？”……有着类似疑问的妈妈肯定不在少数吧！刚出生不久的宝宝，就像外太空的神秘黑洞，让人疑惑不解，但又急切地想要探究明白。

然而，小宝宝还不会说话，无法用语言准确地表达内心所想，有时候，即使“咿咿呀呀”地说了什么，爸爸妈妈也完全听不懂。但如果凭借宝宝丰富的肢体语言和表情语言，知道宝宝心中所想，并不难实现。

研究发现，人的肢体表达能力在婴幼儿阶段达到高峰，之后会随着语言能力的完善逐渐下降。如果爸爸妈妈能在宝宝这一成长关键期未语先知，深入宝宝的内心与其交流，就能更好地呵护与照顾宝宝。

《读懂宝宝的80种常见行为》针对0～1岁宝宝常见行为进行解读，让爸爸妈妈既能感受到宝宝动作的趣味性，又能接收到宝宝传达出来的信息，陪宝宝一起度过美好的婴儿时光。

目录

Chapter 1
读懂宝宝的肢体语言

Chapter 2
读懂宝宝的表情、眼神与声音

Chapter 3

读懂宝宝的“异常”行为

Chapter 4

读懂宝宝的性格与情绪变化

Chapter 5
读懂宝宝的生活需求

0～1岁宝宝的成长记录

每一位家长都有必要了解宝宝的生长发育规律及身体技能，还可以月为单位列表，把宝宝学会的技能填上去。这样不仅能提高自己的观察能力，还能更好地认识自家宝宝，享受和宝宝共同成长的乐趣。

第 1 个月

宝宝的身体发育及能力发展	
体格标准	正常新生儿平均身高（身长）在 50 厘米左右（男女宝宝有 0.2～0.5 厘米的差异），宝宝满月时身高平均会增加 3～5 厘米；新生宝宝平均体重为 3～4 千克，满月时体重会增加 1 千克左右
大运动技能	四肢蜷曲；肌肉偶尔有抽动和惊跳反应；头仅能抬一点点；双腿不能负担重量
精细运动技能	手紧紧握拳，不能抓握物品
视觉与听觉发育	刚出生时，宝宝只能看见身旁的物体，渐渐地能够看到前方 20～25 厘米处的物体，视力模糊；对他人的语言特别敏感，总是会认真地“倾听”，对噪声也很敏感
语言发育	用哭声来表达需要；喉咙会发出“咕哝”的声音；睡觉时会无意识地、短暂地笑
情感与社交能力	能分辨父母和陌生人的声音；有眼神交流；喜欢妈妈抱
认知技能	哭着要吃奶、要抱；行为主要是反射动作，而非经过思考；开始学会信任

第 2 ~ 3 个月

宝宝的身体发育及能力发展	
体格标准	男宝宝的平均身高为58.7～62.0厘米，体重为5.68～6.70千克；女宝宝的平均身高为57.4～60.6厘米，体重为5.21～6.13千克
大运动技能	四肢可以伸展，能自由活动；头能抬得比屁股高，会四处看；双腿能短暂地承受重量；被抱起来时头部很稳，能从仰卧翻身成侧卧
精细运动技能	手能张开，喜欢没有目的地挥手；能握住摇铃并摇晃；会抓别人的衣服和头发；爱吮吸手指和拳头
视觉发育	能轻易地捕捉移动的物体并跟随其移动，两眼的肌肉可以协调运动，爱看五颜六色的物体，视线会追随移动的玩具
语言发育	能发出“咿呀”声、咯咯笑，能高声喊叫；能发出“ɑ”“o”“e”等简单音节
情感与社交能力	能表现出高兴或伤心的情绪；可感染情绪，如父母不安时自己也会不安；会通过不同的哭声表达不同的需求；会吮着拇指自己安静下来；能用眼神交流，视线会跟着人移动，会仔细看人的脸
认知技能	能通过笑、哭和身体语言来让别人有所反应；如果期望没有得到满足会抗议；能够掌握一定的因果关系，比如拍打玩具，玩具就会动

注：本书表格中身高和体重数据均来源于国家卫生部2009年发布的《中国7岁以下儿童生长参照标准》。

第 4 ~ 6 个月

宝宝的身体发育及能力发展	
体格标准	男宝宝的平均身高为64.6~68.4厘米，体重为7.45~8.41千克；女宝宝的平均身高为63.1~66.8厘米，体重为6.83~7.77千克
大运动技能	会翻身，能独自坐一会儿；能摇晃着向前爬一段距离；能扶着东西站一会儿；能手脚并用地移动玩具
精细运动技能	能用手准确地抓取玩具，或塞到嘴里；能把玩具从一只手换到另一只手；能玩积木；能用拇指和食指捡起小物件
视觉发育	能够分辨红色、黄色和蓝色，喜欢红色和蓝色；能自由地转动头部，视野也随之扩大；视觉灵敏度和手眼协调能力也增强了，不再是单纯看事物，在看的过程中能逐渐学会认识事物
语言发育	能通过口型来改变声音；能发出“bababa”的声音引起大人关注；需求不同时发出的声调和音量也不同；能发出更长、变化更多的声音，并留意声音造成的影响
情感与社交能力	能用声音和身体语言反映心情，如尖叫、咕哝、笑、板着脸等；能更好地模仿脸部表情；双眼更专注，能举起双手要人抱；可能表达出对大人吃饭的兴趣
认知技能	懂得人和物体有不同的名称；知道不同的声音和动作能得到不同的回应；会用更长的时间玩弄和研究玩具；不喜欢某种物品时，会用手推开

第7～9个月

宝宝的身体发育及能力发展	
体格标准	男宝宝的平均身高为69.8～72.6厘米，体重为8.76～9.33千克；女宝宝的平均身高为68.2～71.0厘米，体重为8.11～8.69千克
大运动技能	不用支撑就能坐直、坐稳；身体能前倾抓玩具；会匍匐着前进；能用手和膝盖爬行；能扶着东西慢慢站起来，但还不能自主迈步
精细运动技能	能用手指捡起玩具；喜欢用手指抠东西，如娃娃的眼睛；能拍玩具、扔玩具、看着玩具往下掉；能用牙龈咀嚼食物（吃得一团乱）；会抓着杯子手柄喝水
视觉发育	能够记住看到的事物，并能做出充分的反应；见到陌生人，会目不转睛盯着对方看；喜欢看活动的物体，如奔跑的汽车；能够看见较小的物体；开始认识多种多样的颜色
语言发育	能随意组合声母和韵母，如“ha”“ba”“ma”“mu”等，并合在一起喋喋不休；能用舌头改变发音；听到熟悉的歌谣会跟随着哼唱，同时伴随动作
情感与社交能力	对自己的名字有反应；能用手和胳膊招呼大人来玩；会举起双手表示“我要抱”；喜欢和大人做游戏
认知技能	会跟着音乐有节奏地晃动；可以认识五官和图片上的某些食物；能通过关键词联想到形象和图片；面对陌生人会紧张；有“里面”和“外面”的概念

第 10 ~ 12 个月

宝宝的身体发育及能力发展	
体格标准	男宝宝的平均身高为74.0~76.5厘米，体重为9.58~10.05千克；女宝宝的平均身高为72.4~75.0厘米，体重为8.94~9.40千克
大运动技能	可以熟练地用两脚交替爬行，能从爬到坐；能爬上楼梯，但不会下楼梯；能扶着家具走动；能在别人的帮助下走路，但自己走路时动作僵硬，容易跌倒
精细运动技能	手指抓东西的能力更强，喜欢自己用手抓食物；能用食指指东西和戳东西；能改变手形来抓取不同形状的物体；能堆积木；出现惯用手
视觉发育	对周围的事物已经可以做到有意识地注意，会长时间地观察他感兴趣的物体
语言发育	能说双音节的词，会叫妈妈、爸爸，而且能把这些词和特定的人或物联系起来；能模仿咳嗽、咂舌的声音
情感与社交能力	会用摇头来表达“不”；能挥手表示再见；变得听话，会“讨好”大人了，喜欢听到妈妈的夸奖；和妈妈分开会表现出分离焦虑
认知技能	记得最近发生的事，记得玩具藏在哪儿；听到“妈妈来了”能想到妈妈，停止哭闹；听到爸爸妈妈说“出去玩”，会看着前面的门；能模仿大人试着自己穿衣服，知道袜子要往脚上套

小宝宝是多么的可爱啊！虽然他还不会说话，却会通过各种各样的肢体动作，将自己的“开心”与“舒服”等情绪，以及“我会翻身了”“我可以站了”等成长的信息，传递给爸爸妈妈。

Chapter 1

读懂宝宝的肢体语言

任何东西放到嘴里都会去吮吸——吸吮反射

很多妈妈都会有这样的发现：

当用乳头轻触宝宝某一边的脸颊、嘴唇或嘴角时，宝宝会张口并把脸转向被触碰的那一边，试图寻找触碰的来源。

当宝宝的口唇触及妈妈的乳头时，会自动张口含住并吮吸。

在喂奶时，如果妈妈突然被别的事情吸引了注意力，导致乳头从宝宝嘴里脱离开，宝宝也能自己找到乳头并再次吮吸起来。

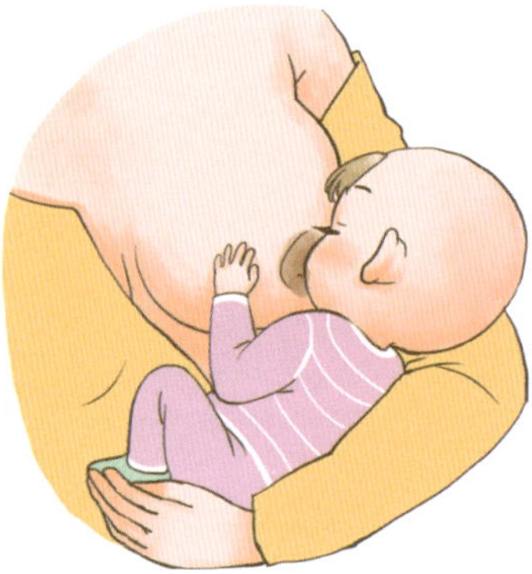

这种情况被称为“吸吮反射”，是宝宝与生俱来的条件反射之一。由于这种反射，在喂奶的时候，刚出生的婴儿会自然地吮吸乳头，从妈妈的乳汁里获取营养，从而健康成长。可以说，“吸吮反射”是维持生命不可缺少的一种条件反射。

不仅仅是乳头，手指头、奶嘴、毛巾，不管什么触碰到宝宝的嘴唇周围，宝宝都会张开嘴转向被触碰的地方，就好像在寻找妈妈的乳房一样，这种反射行为被称作“寻乳反射”。宝宝要能寻乳且有吮吸的动作，才能真正达到喝奶与补充营养的效果。

婴儿的这两种原始反射是判断其脑部是否正常发展的重要指标。如果这两种原始反射在婴儿刚出生的时候没有出现，婴儿将会在进食方面发生困难，其可能存在缺氧、缺血或是脑病变等脑部损伤的情况，需就医。

宝宝的这两种先天反射一般会在其长到 3 ~ 4 个月大时消失，并逐渐被主动的吮吸动作所替代。如果宝宝的吸吮反射没有很好地抑制或消退，可能会导致其添加辅食后出现吞咽不足（如含饭不下咽、流口水、不大口咀嚼等）的现象，进而影响宝宝的进食能力。未被抑制的吸吮反射还可能令宝宝出现无意识的口腔活动，比如喜欢一刻不停地吃零食、说话等，长大后还可能出现紧张或无聊时吃手、咬东西、咬嘴唇等行为。

那么，如何更好地抑制吸吮反射呢？儿科专家表示，充足的主动吸吮反射活动有利于吸吮反射的抑制。也就是说，婴儿的主动吸吮反射越多，吸吮反射就会消退得越快。以下几个方面对你会有所帮助。

妈妈出生后应尽早实施母乳喂养，并尽可能在宝宝清醒时哺乳。

当宝宝吮吸自己的手指、玩具或其他物品时，妈妈不应粗暴制止，而是为宝宝提供干净安全的物品供宝宝探索，并根据婴幼儿身体发育情况合理添加辅食。这种“口腔按摩”对宝宝将来的进食能力、语言能力的培养都有帮助。

如果宝宝超过 4 个月吸吮反射仍未完全消退，妈妈可以和宝宝一起做口腔游戏，如模仿动物的叫声、吹泡泡、哼唱儿歌等。宝宝爱听这些声音，也容易模仿。

手背喜欢在妈妈的胸部蹭来蹭去——喜欢妈妈

妈妈在将宝宝抱在怀里，或是给他喂奶时，常常会看到宝宝用手背摩擦妈妈的胸部。这是宝宝对妈妈的亲密行为，是宝宝在告诉妈妈：“我好喜欢妈妈！有妈妈在真好！”

这种现象多发生在3个月以内的宝宝身上。此阶段的婴儿对安全感的需求较大。在宝宝出生前，他一直生活在妈妈温暖的子宫内，受到羊水的轻抚。当宝宝出生后，进入一个“陌生”的环境，失去了子宫和羊水的保护，也就失去了安全感，宝宝会本能地产生需要搂抱、抚摸等需求。

用手背蹭妈妈的乳房，是宝宝在确认妈妈的存在。宝宝喜欢和妈妈身体接触，喜欢妈妈的怀抱。被妈妈的味道和温柔的声音所包围，宝宝就会觉得自己生长在一个安全的、幸福的地方，好安心！被宝宝这样亲密接触后，妈妈也会情不自禁地抚摸宝宝的身体，和宝宝说话，这可以说是宝宝和妈妈之间独有的幸福时刻，是其他任何感觉都无法比拟的。

宝宝之所以会用手背而非手的其他部位碰触，是因为刚出生的婴儿通常会有“抓握反射”——手心碰到了什么东西，就会条件反射般地握紧拳头。而用手背的话，就不会有这种情况了。在这种安心的环境下，慢慢地，宝宝的手会张开，身心都能得到满足。

东西放在手心，就会用力握紧——抓握反射

刚出生的小宝贝是多么可爱啊，小小的手、肉乎乎的拳头，轻轻触碰他的手心，他就会立即握紧拳头；而如果将手指头放进宝宝的手心的话，他便会立刻握起手指，而且还握得格外有力……这些都是宝宝与生俱来的反射行为，是婴儿独有的“可爱”之处。

医学上通常把宝宝的这种反射行为称为“抓握反射”。抓握反射是新生儿较为常见的原始反射之一，表现为：当宝宝的手掌触摸到东西时，就会下意识地握紧。这种反射不仅仅出现在婴儿的手部，脚部也是如此。当妈妈不小心触碰到宝宝的脚掌时，他的脚趾会紧紧地弯曲，整个脚掌也会弯起来，形成像手握一般的形状。

抓握反射不会一直都存在，一般在婴儿 0 ~ 3 个月的时候出现，在 4 个月左右便会渐渐消失。脚的抓握反射消失时间会略晚于手，一般在 7 ~ 9 个月消失。有观点认为，对人类来说，手比脚更常用，所以手的抓握反射先行消失。只有当手的抓握反射消失，宝宝才能开始自由、灵活地使用手，才能学会抓、握、捏等精细动作。

通常情况下，婴儿在出生后的第一个月会紧握拳头，但如果超过两个月仍持续握拳，则表示可能有中枢神经系统损伤。如果宝宝超过 4 个月还有此反射，说明可能存在神经病变。父母平时应多观察宝宝的行为，多引导宝宝张开手掌。出现异常情况时应及时带宝宝就医。

手脚总乱动、“爱挣”——正在学习活动身体

有时，宝宝的手脚总喜欢乱动，忽而伸、忽而缩，还会和自己较劲，使劲扭动着身体，有的时候因用力还会憋红小脸。这种情况尤其多见于宝宝刚刚睡醒之后。宝宝自己“运动”一番，不哭也不闹，心情似乎还不错。

这让爸爸妈妈禁不住好奇：小家伙这是在做什么呢？其实，宝宝手脚乱动、“爱挣”的现象在出生不久的孩子身上非常常见。这种活动被称为“一般运动”，是几个月大的婴儿的一种自行活动方式，是早在妈妈的肚子里就开始进行的动作，表示宝宝大脑的神经系统正在发育。

对于成年人来说，能随心所欲地活动身体是理所当然的事情。然而，想按照自己的想法活动身体，需要通过中枢神经系统，把大脑发出的指令传递给身体的各部分。可是对于中枢神经系统尚未发育成熟的婴儿来说，这是一件很困难的事情。即使他们想活动身体，也不是想怎么动就能怎么动的。

“一般运动”是宝宝在进入有意图的运动之前的一种自发性运动行为。当然，这种运动通常是不规律的，主要是手舞足蹈之类的小型运动。试想一下，小家伙经过长时间的睡眠，总想伸伸懒腰、活动活动身体吧，既然躯体不能动，就动一动四肢吧！

通常，当宝宝长到 3 ~ 4 个月大的时候，就逐渐可以按照自己的想法活动身体了。此前，对于宝宝的这种“爱挣”行为，爸爸妈妈也不用过于担心，只要宝宝不闹，就说明其身体没有不适感。

喜欢触摸自己的身体——在认识自己

很多妈妈在照顾宝宝时会发现，宝宝喜欢触摸自己的身体，不是挠挠头，就是吸吮手指头，时而双手握在一起，时而用手去摸自己的脚，甚至还会把脚放到嘴里“尝尝”味道……这些行为在宝宝仰躺着活动身体时经常可以看到。这是宝宝为了认识自己的身体而进行的动作，是宝宝好奇心的“启蒙”，也是宝宝认知社会的重要一步。

其实，当宝宝还在妈妈肚子里的时候，就会经常触摸自己的身体。如果我们观察宝宝在母体内的情形，就会发现，他的脸朝向哪一边，就会吸吮哪边的手指，而另一只手的手指会摸头，这是一种无意识的触摸。

当宝宝出生后，他可能还是时常出现一些在母体内时类似的动作，如吮吸手指、挠头、用手触摸脸颊周围等。紧接着，他会从上而下，按顺序触摸自己的身体。开始时也是无意识地触摸，慢慢地，随着宝宝活动能力与感觉能力（视觉与触觉）的增强，宝宝就会有意识地触摸自己的手、脚等身体部位。如此，通过一点点地触摸，逐渐认识自己的身体。

温馨提示

有些妈妈怕宝宝抓伤自己，会把宝宝的手包裹起来。这种做法不提倡。只要宝宝的身体并无异常，妈妈不应阻止宝宝的这一探索行为，只要注意宝宝手部的卫生，经常帮宝宝剪指甲，让宝宝能够“安全”地、自由地认识自己就好了。

无意识地抓头发

这种情形在宝宝被妈妈抱着吃奶或是吮吸手指时比较常见，多见于3个月内的宝宝。很多情况下，宝宝用手抓头发是一种无意识的运动方式，妈妈不用特别在意，但应注意观察宝宝有无头部湿疹或外耳道湿疹，以及其他部位的皮肤异常。因为这类情况也会导致宝宝抓挠头部。如果担心宝宝的手缠上头发，妈妈可以触碰一下宝宝的手背，这样他就会把手自然张开，头发也就不太容易缠到宝宝的手上了。

把手放进嘴里确认

宝宝还不到2个月大的时候，喜欢吃拳头，常常会把大拇指放到手心里，然后把手握紧，放到嘴里吮吸。比较常见的情况是：宝宝用手背或拳头蹭自己的脸，蹭着蹭着，就会把手放进嘴里吮吸。有时舔着舔着，就干脆直接将整个拳头放到嘴里。这是宝宝对自己的手感到好奇了，可能他只是想舔舔手，可是由于自己还不能完全操纵好自己的手，有时会不小心把整个拳头都放进去。妈妈放宽心，抱着“宝宝好可爱”这样的心态去多观察宝宝吧！

喜欢吮吸手指

宝宝长到两三个月大的时候，手会由最初将拇指攥在手心、紧握拳头，慢慢发展到拇指拿出来、紧握拳头的状态，紧接着就会竖起大拇指了。这时，他便开始了真正地吮吸手指的运动。有些妈妈可能会担心宝宝吮吸手指变成习惯，其实，吮吸手指是宝宝自我认识的重要阶段，等过了这一阶段就会慢慢停止，不必过于担心。

用手确认全身

时而用眼睛盯着看看，时而放进嘴里舔舔，当宝宝明确手是自己身体的一部分后，下一步就会开始用手确认身体的其他部位。比如，宝宝可能会用一只手去搓或者握另一只手，拉一拉、扯一扯，相互“打个招呼”。接下来，宝宝的手会沿着身体逐渐往下摸，直到脚。他会尝试用手去抓自己身体下面乱蹬乱踢的脚，抓到后还会将脚丫送到嘴边，用嘴和舌头进行进一步的确认。

在宝宝的意识里，这与触摸妈妈和玩具的感觉是不同的。宝宝就是在这样的感觉中，逐渐确认完自己身体的各个部位。有些妈妈会担心宝宝的脚脏，其实没有必要。这一时期的宝宝一天到晚总是躺在床上，小脚丫很干净，只要妈妈平时多注意宝宝的身体护理，一般不用担心细菌侵害宝宝。

喜欢看手、玩手——手部协调运动

几个月大的小宝宝通常会对自己的小手很感兴趣，会经常目不转睛地盯着自己的小手看，并将两手握在一起置于胸前玩耍。前者主要是宝宝“手眼协调”运动，后者表示宝宝在学习手部的协调运动。

通过看，认识自己的手

小手会张开，可以握拳，还可以转着圈儿动……这对小宝宝来说是多么不可思议啊，如果有精神，他可能会一整天都盯着自己的手看，有时候还会把手放到嘴里“尝尝”。这种现象叫“手眼协调”。宝宝通过看、吮吸、活动手等行为，来认识“这是我自己的手”。

手眼协调是从脸部面对着的手开始的。宝宝盯着看的那只手，通常会成为以后的惯用手。确定宝宝是“左撇子”还是“右撇子”，通常是在 4 ~ 5 岁，但也有人认为，通过看宝宝在妈妈肚子里吮吸手指，就可以知道了。当手眼协调上升到双手时，交叉相握、互相拉扯等动作就可以很快学会了。

双手交握、互相拉扯

5个月以上的宝宝，通常能将两只手交握在一起，互相拉扯，说明宝宝正在掌握手部协调运动。宝宝开始认识到，这两只手都是自己的手。同时，当宝宝发现，用左手拉一下右手，右手就被拉到了，就可以初步理解事物相互间的关系。用眼睛看到双手，再用手去感觉，如此循序渐进地认知世界。双手交握、紧握或是相互拉扯，也是手的抓握反射消失的见证。手的抓握反射通常在宝宝4个月大的时候消失。

随着手指尖的运动能力的发育，宝宝渐渐可以让自己左右手的手指相合，或者将手里的东西从左手递到右手，精细运动能力的发育愈发完善。

重视宝宝手部精细运动的发育

手的作用是非常重要的。虽然手部精细动作的发育没有大动作发展（翻身、坐、走等）那样引人注目，但它对宝宝的重要性一点儿都不输给后者。有研究证实，宝宝早期的精细运动技能发展，和他们之后在数学、科学、阅读中的表现有很大关系。除此之外，手部精细动作的发展还能帮助宝宝探索自己的身体；手部灵巧的宝宝，能更好地完成吃饭、穿衣、系鞋带等日常事务；精细运动，比如玩积木、串珠子等，相较于大运动，更能培养宝宝的耐心和专注力……

因此，妈妈平时应注重对宝宝手部精细运动的训练，并根据宝宝精细运动的发育制订相应的训练方法。比如，2个月大的宝宝已经可以“抓”了，妈妈可以把一些东西（如自己的手指）放在宝宝手心里让他攥一会儿，并经常抚摸其双手，促进抓握反射；4个月的宝宝不仅能够攥住，同时可以摇动手，并在摇动的时候用眼睛看，这时妈妈可以在宝宝面前悬挂一些色彩鲜艳的玩具，让宝宝去触摸、抓握。

一被妈妈抱就显得很开心
——安全感的确立

对于1岁以内的婴儿来说，他最喜欢的人肯定是妈妈，包括妈妈的奶水、妈妈的怀抱、妈妈的气味以及妈妈温柔的声音。有很多宝宝一看到妈妈就会喜笑颜开、手舞足蹈，一被妈妈抱起来就显得特别开心，而被别人抱时则可能没有这些特别的情绪和行为。这是因为妈妈能带给他需要的安全感，让他知道自己是被“无条件接纳”的。

对宝宝来说妈妈是“不一样的”

不过，宝宝知道这是“妈妈”而不是“别人”也是有一个过程的。从出生开始，宝宝就会看到爸爸、妈妈，还有其他各种不同的人。这时宝宝还不能区分妈妈和其他人的不同。当宝宝长到 2 个月左右的时候，他在看妈妈时的表情与看别人时的表情，就会逐渐感觉不一样了。比如：

◆当妈妈说话的时候，正在吃奶的宝宝通常会减慢吮吸速度或者暂停吮吸，认真地听妈妈说话。然而，一旦换成别人说话，他就不再理会。

◆当宝宝哭闹的时候，妈妈将他抱在怀里，柔声地跟他说话，并用充满母爱的目光看着他，宝宝就会很快安静下来，甚至会对妈妈露出微笑。

◆当宝宝被妈妈抱在怀里时，宝宝总是显得很高兴，会一直看着妈妈，喜欢跟妈妈面对面玩耍，妈妈逗他，他就会高兴得手舞足蹈、咧嘴微笑。

对于这个时期的宝宝来说，他能感觉到妈妈是总和自己在一起的人，只要有妈妈在，宝宝就会感到很安心。而且，宝宝喜欢熟悉的面孔，对熟人也会比较欢迎，只是妈妈仍旧是他最喜欢的人。

逐渐了解到妈妈和别人的不同，也是有顺序的。宝宝首先要明白“这是妈妈”，然后才开始明白“这不是妈妈”。慢慢地，他就会知道，眼前的人“是妈妈”或者“不是妈妈”。

妈妈要及时回应宝宝的情感需求

由于妈妈和宝宝之间这种特殊的情感交流，会使宝宝更加亲近妈妈。妈妈对于宝宝最初的情绪体验一定要给予应有的重视，及时回应宝宝，并尽可能细心、耐心地对待宝宝。

这一时期，妈妈要经常对着宝宝微笑。如果宝宝正看着妈妈，妈妈可以微笑着对宝宝说："宝宝，笑一笑。"这样反复进行多次，宝宝就会被妈妈温柔的声音和微笑的脸庞吸引，有可能露出有意识的笑容。开始时，可能只是嘴角微微翘起，然后会逐渐发展到整张脸绽放出灿烂的笑容。这时候，宝宝不需要别人引逗，也会主动地露出微笑。这对于促进宝宝的人际交往能力，提高宝宝的智商都是非常重要的。

温馨提示

宝宝的情绪极易被妈妈传染。因此，在照顾宝宝的时候，妈妈一定要保证自己情绪的良好，特别是在宝宝对妈妈露出微笑、表示喜悦和欢迎的时候，妈妈不管多么烦躁、气愤、不快，都要努力让自己做到心平气和，然后对宝宝露出温柔、真诚的笑容。否则，不但会让宝宝产生不安，还容易让宝宝产生消极的情绪，影响其心理的健康发育。

拿着拨浪鼓，一会儿摇一会儿看——好奇声音

虽然现代的玩具都向着智能和新潮发展，但拨浪鼓之类的传统玩具依然受到孩子们的欢迎，尤其是三四个月大的小宝宝。这一阶段的小宝宝自我意识刚刚觉醒，手部活动力增强，喜欢颜色鲜艳、会动或能发出响声的物体。拨浪鼓可以“奏出”富于变化的响动，而且这种响动是由宝宝自己“创造”的，他会感到新奇有趣。

许多时候，给宝宝玩具，他可能会毫无兴趣或仅仅只是看看就放在一边，而拨浪鼓不一样。当你给宝宝一个拨浪鼓时，他挥舞手臂又摇响了拨浪鼓，听到了拨浪鼓的声音，便会露出惊讶的表情，好像在说：“咦，会动，有声音，好神奇！”他会目不转睛地盯着拨浪鼓看，过一会儿，他又会再摇、再看，如此循环反复。

开始时，宝宝可能并不想摇，只是拿在手上随意挥动。但是，当他听到了那神奇的声音，“当啷当啷”或是“啪啦啪啦”，宝宝就会露出惊奇的表情，他会再次挥动手中的拨浪鼓，等待神奇的声音再度响起。

慢慢地，宝宝会发现，手一动，声音就会响起，于是，他就一遍遍地用手摇动，看看声音是不是还会响。在这个过程中，宝宝就自然地认识到了动作和声音的因果关系。而且，宝宝的小手臂也在这个过程中得到了锻炼。

温馨提示

要尽可能给宝宝容易握住的拨浪鼓，方便宝宝抓握。如果宝宝不感兴趣，妈妈可以事先在宝宝面前“摇一摇”，吸引宝宝的注意力。

手舞足蹈
——活动手脚、表达“高兴”

妈妈可能会经常看到这样的情况：宝宝吃饱喝足之后就自己躺在床上手舞足蹈，还时常把随手抓到的东西放进嘴里啃，自己的手脚也不放过。有时候，嘴里还会发出“啊——啊——”“呜——呜——”的声音，好像在跟人说话。如果这时妈妈上前跟他说话，他就会更开心。这是再正常不过的情况，是宝宝情绪良好的表现。

3 个月左右的小宝宝已经不再满足于终日睡觉的状态，小家伙会自得其乐地活动自己的四肢。手脚能够使劲儿挥舞，这是宝宝脊柱和背部肌肉逐渐增强的表现，也是身体日渐发育、成长起来的证明。看到这种反应之后，离宝宝抬起头、坐起来等动作也就不远了。

看到宝宝这种快乐、可爱的动作，爸爸妈妈在感到高兴的同时也不要忘了多和宝宝进行情感交流。比如，在给宝宝擦脸、换尿布和穿衣服的时候，可以一边操作，一边叫着宝宝的名字和他讲话；逗宝宝玩耍时，可以多让他看一些色彩鲜艳、能发出声音的玩具，还要多描述物体发出的声音，这样有助于宝宝视觉、听觉的发育，也能吸引宝宝触摸、抓取玩具；爸爸妈妈平时要多抱抱宝宝，轻抚其身体，使宝宝在感到身体舒适的同时，也能获得精神上的满足。

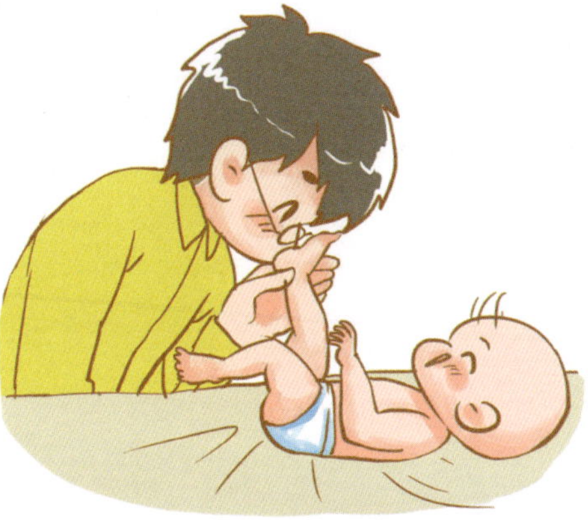

听到大声响，会吃惊地张开手脚
——正常的惊吓反射

经过宝宝身边时，若不小心“哐当”一声弄出较大的声响，宝宝就会突然张开双手双脚，就像要抱住什么东西似的，仿佛在说：“吓死我了，妈妈……”

这个动作叫作“惊吓反射”，是刚出生没多久的宝宝的特有反应。新生儿神经系统的发育尚未完善，神经管还没有被完全包裹住，而且对声音比较敏感，当外界有刺激时，新生儿会突然一惊，或者哭闹。这是一种正常的身体反射动作，是宝宝能听到声音的有力证据。

并非“吓一跳”时宝宝才会出现惊吓反射，将宝宝抱到床上哄他睡觉时也可能出现惊吓反射，甚至什么也没有发生，宝宝也会出现这种情况。比如，宝宝有时候无缘无故就会从睡梦中惊醒，睁开眼睛，身体发生轻微抽搐或震颤，手掌、脚趾会左右对称地向外伸张，同时大声哭闹。这其实是宝宝的一种自我保护反射行为。当大人受到较大刺激的时候，偶尔也会出现惊吓反射。

宝宝的惊吓反射是暂时性的

一般情况下，宝宝在出生后的前2个月惊吓反射最为强烈。不过，这种惊吓反射是暂时性的，妈妈不用担心。随着宝宝神经系统发育成熟，对外界的普通刺激就会逐渐适应，敏感程度降低，惊吓反射就会逐渐减缓。一般来说，等到宝宝三四个月大的时候，惊吓反射就会消失。

如果妈妈很介意宝宝的这种条件反射，不妨在宝宝出现此种行为时，适时安抚宝宝，并温柔地对宝宝说“宝宝，吓到了吧”“不怕，妈妈在，吓不着”等。宝宝感觉到有妈妈在，也会比较安心。

警惕异常的惊吓反射

如果宝宝超过6个月的时候还有惊吓反射，妈妈就应引起注意，这可能是因为宝宝的大脑神经系统有问题，需要带宝宝及时去医院诊治。

宝宝在发生惊吓反射的时候，手臂、双手、双腿、双脚的反应是左右对称的，若是宝宝出现某个部位没反应，可能是四肢局部有问题，如新生儿“臂神经丛受伤”，也可能是锁骨骨折。不管是哪种情况，都要及时带宝宝就医。

宝宝每次出现惊吓反射的时间不会太长，通常几秒钟就会消失。如果宝宝出现持续性的全身震颤不止，或是惊吓反射出现频率太高，或是伴随出现其他异常，应及时带宝宝就医。

如果宝宝受到惊吓，大便颜色也有可能会发生变化。人体的胆汁一般呈黄绿色，正常粪便中带有一定的胆汁，呈黄色，如果胆汁的量增加，就会导致绿色增多。宝宝在受惊时，胆囊收缩，会导致排出的胆汁量突然增多，从而使肠道里的粪便被染成绿色。不过这只是暂时性的现象，轻微程度的惊吓不会影响宝宝的健康。

宝宝握紧拳头
——紧张、害怕及不舒服的表现

刚出生的宝宝，小手都会紧紧握成一个拳头。这是因为宝宝的神经系统尚未发育成熟，高级中枢的调控还没有完全形成，所以表现为曲肌紧张，如握拳、弯腿、四肢蜷曲等。

所以，对于宝宝的这种握拳，妈妈不用太过担心。不过，随着宝宝的身体发育，大脑中枢神经系统的日趋建立，双手会渐渐张开。在此期间，妈妈要及时地打开宝宝紧握的小拳头。因为宝宝的小手与大脑的发育密切相关，手的动作能促进神经系统的发育和宝宝智力的发展。妈妈在给宝宝洗脸、洗澡时，可以把手指尖伸进宝宝的手掌里，一边清洗，一边按摩；喂奶时，妈妈可以把宝宝搂在怀里，把宝宝的小拳头打开，跟宝宝手贴手，并让他的小手掌触摸妈妈的脸蛋。慢慢地，宝宝的小拳头就会伸展开来。

如果宝宝的手能伸展开来很长一段时间以后，宝宝又突然将拳头紧握了起来，那么妈妈就要引起注意了，这可能是宝宝感到紧张和害怕了。另外，有时候宝宝生病了也会握紧拳头。

宝宝因害怕而握紧拳头时

当宝宝因为紧张害怕而紧握拳头时，妈妈应该多拥抱宝宝，多和宝宝说话，并经常给宝宝做手指按摩，轻轻捏捏他的小手指，在小手心里画圈，用他的小手抚摸妈妈的脸庞等。这些做法都可以让宝宝感到放松。

以洗澡为例。有的宝宝在洗澡时会紧握拳头，这就是紧张害怕的表现，这时，妈妈应努力帮助宝宝消除紧张害怕的心理。比如，洗澡之前，妈妈可以告诉宝宝："宝贝，盆里装了温水，妈妈现在要给宝贝洗澡，洗完澡宝贝会香喷喷的，感觉特别舒服。"妈妈还可以先撩一点水在宝宝的手上或身上，让宝宝适应。

宝宝因生病而握紧拳头时

妈妈时常会发现，宝宝生病的时候，小手会紧紧握成拳头，这是在告诉妈妈：我有点不舒服。这时，妈妈首先应排除生理上可能导致宝宝不舒服的因素，如尿布湿了，然后进一步探究宝宝其他的症状，看是否是疾病所致，必要时尽快带宝宝就医。

◆哭闹不止或突然不哭闹了。
◆吃奶的次数忽然减少或根本不吃奶。
◆睡太久或睡不好。
◆昏昏欲睡，反应力降低，精神不好。
◆脸色苍白，身体虚弱多汗。
◆呼吸不畅，出现咳嗽、呼吸困难等症状。
◆大便异常。

温馨提示

宝宝在睡觉时，也会握着松松的拳头，是在告诉妈妈：我在做梦呢。这时，妈妈不需要去打扰他，只需为宝宝准备好睡眠环境，让宝宝做个好梦即可。

醒来后会对着妈妈笑，并伸展小手——想和妈妈一起玩

当宝宝睡觉醒来时，如果看到妈妈在旁边，他会对着妈妈微笑。与此同时，他的小手还会张开，手指会向前伸展。宝宝这个手势是有特别意义的哦，他这是在邀请妈妈和他一起玩耍。

这是很多小月龄宝宝的常见状态。可是，很多妈妈忽略了宝宝这个手势，即使注意到了，也不明白宝宝这个手势所隐藏的秘密。所以，即便是妈妈很温柔地将宝宝从床上抱了起来，宝宝还是因为自己的情感需求没有得到满足而哭闹。

然而，很多妈妈不清楚宝宝为什么会哭闹，更不知道宝宝此时已经有了情感需求。她们觉得这个时候的宝宝只知道吃、喝、拉，天天抱着他就可以了，根本就不需要陪他玩耍。如果妈妈明白了宝宝这个“手势”所传达的信息，就不会立即将宝宝从床上抱起来，而是耐心地和宝宝在床上逗玩一会儿。这样，不仅增强了亲子感情，还有利于宝宝身心的健康发展。

小宝宝也有情感需求

小宝宝虽然还不会说话，但是他也有情感需求，需要爸爸妈妈陪自己玩耍，满足自己的情感需求。他们通常会通过手部动作来表达自己的需求。

一般来说，两三个月的宝宝已经开始能注意到自己的小手，并时不时地把双手握在眼前看手、玩手，或者用手抓脸、抓衣被。这是宝宝在锻炼自己的手，也是在探索外面的世界。可是很多妈妈不能读懂宝宝的行为，还总担心宝宝会抓伤自己，甚至会用手套裹住宝宝的小手，剥夺宝宝用手部动作表达自己情感需求的权利。妈妈这样做，不仅阻碍了宝宝手的运动和协调能力，还可能会影响宝宝大脑的良好发育，是不可取的。

及时回应宝宝的情感需求

妈妈应该解放宝宝的小手，并时刻留意宝宝的手部动作。只要仔细观察，就会发现宝宝小手传达的各种信息。如果妈妈手上有事要忙，也一定要先抱抱宝宝，用身体接触来满足宝宝的情感需要，然后用色彩鲜艳的玩具来替代，或者给宝宝放上一段动听的音乐，用色彩和声音引起宝宝的好奇心，吸引其注意力。如果宝宝执意要求你关注，应暂时放下手中正在做的事情，走过去和他交流互动，以抱、摸、逗的方式和宝宝一边说话一边玩。

这样做对宝宝的情感和认知能力的发展是十分有帮助的。家长即刻回应不怠慢，是自然、有效地鼓励宝宝情感发展的方式，边说边玩让宝宝同时体会到身体爱抚（身体感觉）和语音节奏（视听感觉），对宝宝多通道感受性的协同发展很有益处。当宝宝身体舒服了，感情上的需求也得到满足了，他自然不会再哭闹了。

张开双臂扑向熟人——表达喜欢和欢迎

宝宝6个月左右大时，当他看到亲人或熟悉的人说“宝宝，来抱抱！”，就会笑眯眯地张开双臂，兴奋地扑向对方，甚至抱住对方亲热、搂抱。这是宝宝在表达自己的兴奋和欢迎。这时，不管是谁，此刻都不应冷落宝宝，而应该尽快抱起宝宝，以同样的方式表达对宝宝的喜爱之情。

通常，宝宝在3个月左右大时，就已经能认识爸爸、妈妈了。6个月大时，就能区分爸爸、妈妈、亲人、熟悉的人和陌生人。这时候，只要是常常出现在他面前并且经常逗他玩的人，宝宝就会有比较深刻的印象，在分别较短的时间内再见面的时候就会特别兴奋。这是宝宝的情感需求，也是宝宝人际交往的一种方式。当宝宝长到8个月大时，活动能力大大增强，人际交往欲望也越来越强烈，也开始使用更多的肢体语言进行表达。比如，见到熟人会张开双臂扑向熟人，见到别的小朋友，会伸手相互触摸。

这个时期，如果宝宝与人交往顺利，形成较好的人际交往关系，有利于宝宝形成乐观、自信的性格。因此，在家里，爸爸妈妈一定要及时回应宝宝的情感需求，并多让宝宝接触其他亲朋好友，多带宝宝出去逛逛，让宝宝多和其他的小宝宝玩耍。这样能够培养宝宝与人交往的能力，帮助宝宝更好地度过认生期，为宝宝日后形成良好的人际关系打下基础。

一抱起来身体就“打挺”——骨骼与肌肉逐渐成熟

宝宝哭的时候，妈妈多半会把宝宝抱起来哄。一般情况下，这种方法是奏效的，因为宝宝喜欢妈妈的怀抱。但是，在宝宝出生 4 ～ 5 个月后，妈妈会突然感觉很难抱起来，因为宝宝会“打挺”了。

宝宝“打挺”通常表现为一被抱起来身体就向后挺，即使劲地拱起身体，甚至弯成一个弓形，并且力气非常大，甚至会从妈妈的怀抱中把自己“拱”出来。

宝宝为什么会喜欢“打挺”

宝宝“打挺”的行为，标志着宝宝身体的骨骼和肌肉逐渐趋于成熟，特别是背肌和手足伸展力逐渐得到发育。只有宝宝身体的骨骼和肌肉都得到充分发育后，他才能保持直立的姿势，学会行走。

有专家认为，宝宝“打挺”与情绪的宣泄有关。他们认为，当婴儿积累的情绪超过负荷，就会浑身用力、使劲后挺。所以，有很多家长会发现，在宝宝9个月至1岁的阶段，“打挺”的行为会出现得比较频繁。因为这一阶段的宝宝自我意识开始觉醒，有了一些自己的想法，却苦于无法表达，所以经常会生气，生气就使劲“打挺”。

宝宝“打挺”，不用太担心

到了一定的时期，每个宝宝都会出现“打挺”的现象，而且这种行为不会持续很长时间，爸爸妈妈不用太过担心。可能这段时间，宝宝会比较难抱，但是因为时间短，还是比较容易克服的。

其实，抱“打挺”的宝宝也是有窍门的。如果抱宝宝时宝宝向后挺，妈妈只需扶着宝宝的头向前倾，下巴向胸口方向贴，让他的脖颈弯曲，就能控制好宝宝的身体了。

俯卧时用肘部支撑，头部抬起——学翻身

宝宝长到 3 个月左右大的时候，如果妈妈看到俯卧着的宝宝，总是会用肘部支撑身体，头抬得高高的，那可能是宝宝想要翻身了。翻身就是宝宝从仰面躺着的状态抬起头来，一只手向相反方向的那只手伸展，身体随之“骨碌”一下翻转过去，从仰面的状态改为侧卧。之前，宝宝的视野有限，只能看到躺着时所面对的那一块地方，学会翻身后，眼睛里就能映入不同的景象了。不仅如此，随着宝宝对周围事物的越发关注，身心也会随之得到大幅度的发展。

虽然翻身只是一下子的动作，但对宝宝而言，也不是一下就能做到的。宝宝从趴着到“翻身”，需要颈部、臀部和腰背肌肉发育到一定程度才能完成。大部分宝宝要一直到 6 个月左右，才能熟悉翻身的各种动作，并快乐地享受“翻身”。

读懂宝宝翻身的讯号

刚出生的宝宝，让他俯卧，他还不会自主地活动，慢慢地，宝宝会一点点地抬起下巴。到第2个月时，宝宝会把头和前胸稍稍抬起，但持续时间不会很长。宝宝出生3个月后，就能控制颈部的力量，在俯卧状态下，可以用手脚撑起身体，头部用力抬起。等到4～5个月，宝宝的臂力越来越强，头部抬起的时间也越来越长，不久脖颈还会左右摆动，向四周张望。这时，宝宝的颈部和背部肌肉都已经很有力量了，脖颈完全可以自由地抬起，并且从头部到胸部都能够抬离地面，这说明宝宝已经为翻身做好了准备。

除了俯卧抬头之外，如果宝宝仰卧的时候脚向上扬或者总是抬起脚摇晃，喜欢朝一个方向侧躺，也说明宝宝想要翻身了。

妈妈应辅助宝宝学会翻身

为了让宝宝更加自如地学会翻身，妈妈应抓住机会，适时对宝宝进行翻身训练，比如引导宝宝抬头、转身、变换姿势等。

方法一：让宝宝仰卧，轻轻握住宝宝的两条腿，将宝宝的右腿轻轻地放在左腿上，再让宝宝双手交叉放于胸前，妈妈用右手抓住宝宝的双手，左手放在宝宝的背部，慢慢朝右边用力，使宝宝的身体自然扭过去，变成俯卧。左右方向多次练习，宝宝就会学会翻身。

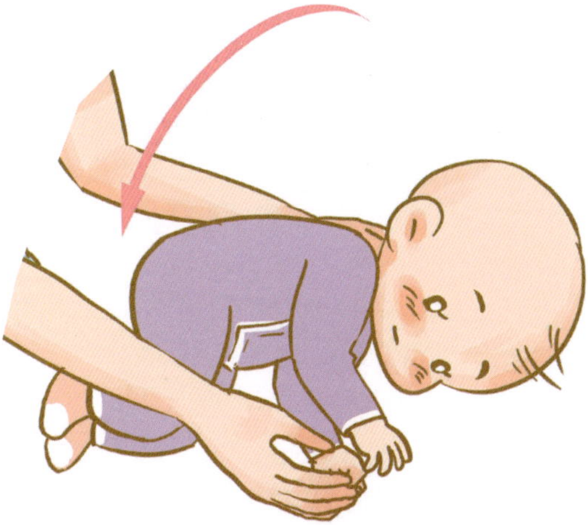

方法二：当宝宝侧卧的时候，在他背后轻轻地呼唤他的名字，诱导他自己转过身来。

方法三：在宝宝从仰卧翻成侧卧抓玩具时，故意把玩具放得远一点，促使宝宝顺势翻成俯卧。

宝宝需要几个月的时间来学会完全控制自己的身体动作。因此，爸爸妈妈可以在宝宝出生后的最初几个月，用这个训练方法来协助宝宝学会控制自己的身体。不过，由于此时宝宝的身体还没有发育成熟，非常容易受伤，因此，妈妈在训练宝宝翻身时，动作一定要轻柔。开始训练的时候，次数不要太多，并注意控制宝宝练习的时间，以免宝宝的身体不能负荷，反而影响宝宝成长。

学爬
——看看宝宝怎样移动身体

宝宝学爬是一个十分有趣的现象，妈妈可能会观察到小家伙开始时多是用腹部贴着床面或地面匍匐爬行，往往不是向前，而是后退，或是在原地转动。多次练习之后，才能做到上、下肢配合交替运动，掌握爬的技巧，完成爬的动作。

宝宝学爬的重要性

爬是宝宝生长发育过程中的一个重要阶段。人生下来，在大动作方面先学会的是翻身和坐，但这两种动作都是原地动作，而爬不同。爬是人类第一次通过肢体的动作来移动自己的身体，这是一个了不起的飞跃。在爬的动作中，宝宝得以开阔视野，能够更好地认识世界。

宝宝大概在 6 个月左右时对爬有兴趣，并乐于尝试。移动身体的新奇和快乐让有些宝宝表现得很活跃，不用刺激和辅助就能爬来爬去。也有的宝宝因为各种原因不爱活动，或者家长没有引导其爬，于是爬的阶段就被“坐”悄然替代了。

没有练习爬的宝宝，其四肢的协调性以及注意力等方面未能获得训练，可能会在其长大之后显出劣势。所以，爸爸妈妈一定要重视宝宝学爬的阶段，在玩耍中刺激宝宝动起来，让宝宝在爬行的过程中学会灵活运用四肢。

宝宝爬行姿态可爱多样

宝宝学爬的阶段性很明显，不同的学爬过程会呈现出不同的爬行姿态，十分可爱。

1

5 ~ 6 个月：匍匐着爬行

肚子紧紧贴着床或地面，用臂力和两只脚蹬踹的力量自然向前移动。有时，宝宝控制不好重心，不能很好地向前移动，甚至有时还会往后移动。还有些宝宝会像游蝶泳一样，舞动着两只胳膊向前移动。

2

7 ~ 8 个月：四肢爬行，让身体前后晃动

屈起膝盖，摆出用四肢爬行的姿势，但不会立刻向前爬行，而是会身体前后晃动，或是左右摇摆，或是坐一会儿再匍匐着爬一会儿。这可能是宝宝为了平衡重心而进行的准备活动。

3

9 ~ 10 个月：双手支撑，向前爬行

慢慢地，宝宝会用双手支撑起身体，保持抬高腰部的姿势，四肢交替，平稳地向前爬行。这时，宝宝会在室内爬来爬去，看到想要的玩具，可能会自己爬过去拿；听到妈妈喊自己，也会爬着靠近妈妈。

4

10 ~ 11 个月：脚掌蹬地，抬臀爬行

可能是想快速到达目的地，又或是想要赶紧站起来，这一时期，有些宝宝可能会用脚掌撑地，把膝盖悬起来，翘着臀部爬行。这是宝宝在学习迈步走的辅助动作。

温馨提示

宝宝的成长路径各异，大多数宝宝是先会爬再学会行走，但有些宝宝不会爬就会走了，也是正常的，爸爸妈妈没有必要过于担心。

虽然还站不稳，但总想站起来——练习走路

一般来说，宝宝满 6 月龄以后就开始有了自主爬行的欲望，到了 9 个月左右的时候，会逐渐发展站立的能力。开始时，他可能总是站不稳，好不容易借助外力勉强挺起身子来，但坚持不了几分钟，就又歪倒在床上或地上了。

看着宝宝挺费劲地练习站，妈妈一方面觉得“宝宝学站的样子真可爱”，一方面又忍不住会想：“要不要去帮忙？”“或是等过段时间再让他练习？”

其实，宝宝大运动技能的发展是水到渠成的，不需要额外的“辅导”，也没有必要刻意训练。宝宝站立的过程也一样，始于尝试，然后逐渐地掌握动作的技巧，最终能熟练地运用。爸爸妈妈不必担心宝宝学站立的过程太费劲，也不必为宝宝最终“歪倒在床上”而担心，只要保证宝宝活动的地方不会发生危险，就不必去管他，让他开心地练吧！

从另一个角度来说，宝宝练习站立，对他自身而言，可能就是一个有趣的游戏。努力站起来是一乐，歪倒本身也是一乐。至于站不好意味着“失败”，那是大人的想法，未必是宝宝的感受。如果把宝宝练习站立视为游戏，你还会担心或阻止小家伙自己一试再试吗？

爸爸妈妈需要做的是顺其自然。只要宝宝的成长状况正常、情绪状态良好，不妨抱着欣赏的态度看着宝宝玩耍，给他鼓励，并和他一起玩耍，相信宝宝一定会更快乐。而且，宝宝“站不好就歪倒”“站不稳还总想站起来”的阶段也不会持续太久，再过一两个月，你就会发现宝宝不仅能站稳，甚至还想迈步呢！1 岁以内的小宝贝成长得就是这样迅速，让人惊叹！

扶着腋下站立，就会做出走路的动作——踏步反射

育儿路上，我们常常会碰到这样的情况：出生不久的宝宝，妈妈用手扶着他的腋窝，试着让他站立，并让宝宝的脚掌接触到地板或床面，身体稍稍前倾，宝宝的脚就会交替踏步，做出走路的动作。如果在他的前方放置一个硬的障碍物，当宝宝的脚接触到障碍物，还会抬起脚踩上去，好像要迈步似的。

身为新手爸妈的你，可能会感到惊讶："咦，孩子刚出生就会走路了吗？"确实，宝宝从出生开始就能这样做了，但这其实是他无意识的动作，是一种反射行为。这种反射行为与"吸吮反射"和"抓握反射"一样，是新生儿常见的原始反射之一，叫作"踏步反射"，也叫"自动步行"。

踏步反射不等于"会走路"

踏步反射并不能算是真正的走路。这种反射行为通常会在婴儿出生6～10周消失。婴儿的脚掌和脚背受到刺激，刺激经由神经传导至脊髓，引发反射，使髋与膝关节弯曲，进而产生踏步走路或让脚抬起来踩上障碍物的动作。早产儿也有此反射，但往往是以脚尖着地，与足月儿用整个脚或脚跟着地不同。

对于宝宝的踏步反射，有很多家长不理解，甚至秉持着"多让宝宝练习，他将来就能早点儿走路"的想法，把它当作宝宝脚部训练的一种方法。实际上，这并没有什么意义，甚至可能会导致意外的发生。这是因为，新生儿的脊柱发育还不完全，总是这样锻炼可能会造成孩子脊柱的损伤，或因为没抱稳而导致意外情况的发生。

宝宝是“逐步”学会行走的

对于父母来说，宝宝能走路确实是一件令人感到迫不及待的事情，但是，前提条件是宝宝的身体发育到相应的水平，以及宝宝有想走路的欲望。一般来说，宝宝学走路通常需要经过十几个月的努力，需要肌肉的力量、身体的平衡等各项条件。

1

第一步：踏步反射

在宝宝出生后的前几个星期，不妨把踏步反射作为宝宝今后学习走路的一个漫长的热身过程。

2

第二步：踢腿运动

宝宝在刚刚睡醒或是换尿布时，喜欢时不时地踢一下腿，这也是小月龄宝宝喜欢做的运动之一。踢腿运动与踏步反射类似，都是为“走路”做的准备。

3

第三步：尝试直立

到了6个月左右的时候，当我们把正坐着的宝宝抱起来，让他坐在妈妈的膝盖上时，宝宝会伸展膝盖，双脚好像用力支撑似的。随后，宝宝会很开心地弯曲膝盖，再伸直，并重复这个动作，摇摇晃晃地站着。这也是宝宝为了站立在做准备。

4

第四步：手脚并用向前爬

爬行是走路的预备课程，通过爬行，宝宝四肢的协调性和平衡能力会得到很好的锻炼。

5

第五步：自己站起来了

宝宝几个月来的练习现在展现出成果了——他能够在没有他人的帮助下，自己站起来了。当然，最好能拉着妈妈的衣服，或者扶着板凳、沙发站起来。此时，宝宝已经达到了一个重要的练习目标：他的腿部肌肉已经足够结实，能够支撑自己的身体了。

6

第六步：自由地站着

经过无数次的练习，现在，宝宝终于可以自己把握平衡，不借助任何外力站着了。在学会走路之前，他还有个小小的“练习单元”要完成：学会将自己的重量从一条腿转移到另一条腿上，并且在这个过程中不会摔倒。

7

第七步：小手牵大手

当宝宝扶着沙发慢慢走稳后，就会对牵着妈妈的手出去散步非常感兴趣。所以，这时妈妈不妨让宝宝牵着自己的手一起去散步，以便宝宝学会自主地控制身体。

8

第八步：终于可以走出去

宝宝终于学会走路了，不过稳定性会比较差，随时有摔倒的危险，妈妈最好能够做到贴身保护，并尽量选择宽敞的、障碍物较少的空间让宝宝练习。

温馨提示

宝宝大动作发育的差异性较大，宝宝走路的早晚，会遵循自身的成长节奏，妈妈不要急于求成。一切“揠苗助长”的行为都可能对宝宝的身体造成伤害。当然，如果宝宝到了1岁零4个月以后还不能走路，就要咨询医生了。

用手指着进行沟通交流——传达自己的意见

虽然 1 岁以内的小宝宝还不会说话，但随着宝宝手部精细动作的发育，他已经会用手指着与人进行沟通交流了。开始时，宝宝可能会用手指着想要的东西表达要求，慢慢地，他会用手指着回答妈妈的问题，甚至还会用手指着提出问题并等待回答。

用手指着表达“喜欢”“想要”

10 个月左右的宝宝，手指的动作会渐渐灵活起来，可以用食指指向自己感兴趣的东西，而且边用手指着，边发出“ɑ”“b”“o”“n”的音，好像是在向爸爸妈妈表达什么似的。比如，看见想吃的食物，会用手指着，嘴里说“吃、吃”。

这类情形常见于宝宝坐在地上玩耍时，他会用手指进行基础交流，传达喜欢的东西，并希望得到爸爸妈妈的回应。所以，当看到宝宝这样做时，爸爸妈妈也要认真地回答宝宝，如“是这个吗？”“宝宝是想吃苹果了呀？”等。

用手指着回答问题

随着宝宝逐渐长大，到 1 岁左右的时候，宝宝不仅仅能用手指着表达自己的喜好与需求，还会用手指着回答妈妈的问题。比如，当妈妈问宝宝“兔兔在哪儿？”时，宝宝就会一边看着兔兔的毛绒玩具，一边用手指着。有时候宝宝还会一边说“兔兔”，一边用手指着兔子。

这标志着宝宝已经能听懂一些简单的话语，并能说简单的语言。在这个过程中，宝宝会一边思考，一边向对方传达自己的意思，这表明宝宝已经具备了相对高级的沟通能力。

这时，爸爸妈妈也应积极回应宝宝：“宝宝真棒，找到了兔兔！”爸爸妈妈还可以将对话持续下去，比如继续问宝宝：“猫猫在哪里呢？”“哪个是苹果？”……宝宝在这样持续的对话中，会很高兴，这对提升其语言能力很有帮助。平时，爸爸妈妈也可以多和宝宝玩“找玩具”“指认物品”的游戏，帮助宝宝进一步提升语言智能和认知能力。

用手指着询问并等待回答

宝宝从1岁左右开始，逐渐会说一些简单的、有实质内容的话语，词汇量也会逐渐增加，但是，依然不能很好地表达自己想说的话。有时候，为了弥补这种语言表达不充分的焦急心情，他也会用手指着进行交流。比如，用手指着妈妈新做的菜式，好像在说：“这是什么？”“我可以吃吗？”宝宝这时希望用手指的方式，把自己的疑问和期待传达给爸爸妈妈，同时也期待着爸爸妈妈的回答。这时，妈妈可以微笑地看着宝宝，并告诉宝宝：“这是妈妈给你做的新辅食，手指饼干哦，可以直接拿在手上吃，宝宝要不要试一下？”

随着宝宝逐渐长大，他所掌握的词汇量也越来越多。慢慢地，宝宝会通过语言来表达自己的想法，在语言不能有效表达时，也会用手指着来进一步解释说明，甚至可能会一边用手指着，一边哇哇大哭来表示抗议。无论何时，爸爸妈妈都要及时回应宝宝，这样会让宝宝更能感到交流的快乐，有助于其语言智能和社交能力的培养。

用手里的玩具敲打其他东西——好奇自己弄出的声音

当宝宝快 1 岁时，总喜欢拿着东西敲敲打打，而且还选择不同的物体，使用不同的力度。很多妈妈都觉得这是宝宝调皮、淘气的表现，是一种破坏性行为，应该严厉制止。其实，这是宝宝探索世界的一种方式，妈妈不仅不应该制止，反而要积极配合宝宝，让他充分发挥探索能力。

着迷于自己弄出的声音

出生6个月左右，很多宝宝就会坐了。最初是用双手支撑着向前倾，等稳定之后就不需要用手去支撑，手得到了解放，就可以尽情去玩耍了。这也是宝宝感觉与活动能力发展的关键时期。

这个时期，宝宝经常玩的游戏，就是用一个玩具往别的玩具或桌椅上敲打，特别是在玩积木时，宝宝经常会一只手拿着积木去敲打其他的玩具。开始时，宝宝可能用一只手在摇动玩具的过程中，偶然

撞到了什么东西，随即就听到不可思议的声音：“当、当！”“嘭、嘭！”宝宝会对这种声音感到好奇和惊喜，随即他会多次重复这个动作，并痴迷于自己弄出的“音乐”声中。随着宝宝一天天长大，活动力增强，不仅仅是玩具，家里凡是他能够得到的物件都是他敲打的对象。比如，吃饭时，他会拿勺子敲打饭碗或者桌子。

“妈妈，请让我尽情地敲打吧！”

对于好动的宝宝来说，他们通常是走到哪敲到哪，见到什么敲什么，把家里弄得像干木工活似的，“嘭嘭”作响。有些妈妈一方面担心宝宝弄坏玩具，另一方面也因为不能忍受这些声音，便对宝宝的行为进行阻挠，甚至将宝宝的玩具收起来。其实，这样做并不可取。对宝宝来说，敲敲打打的行为，是他们探索世界的一种方式，是一种正常的表现，对宝宝的成长有益。

此阶段的宝宝通过敲敲打打，可以感受不同的环境，他们不仅希望通过不断的练习准确地进行敲打，还迫切地想要听到来自敲打物体的不同声音。而发出的声音又会刺激大脑反应，引发宝宝的思考。比如，宝宝可能会想：“为什么敲碗和敲桌子的声音不一样呢？”于是会反复尝试，再扩展到其他的东西，并对自己的“研究成果”感到兴奋。

慢慢地，通过不断地敲打，宝宝不仅了解了各种各样的物体，以及物体之间的相互关系，还懂得自己的敲打动作能产生不同的效果。比如，敲打不同的物体就能产生不同的声音，而且用力强弱不一样，产生的音响效果也不同。经过一段时间的练习，宝宝很快就能学会选择敲打物，学会控制敲打的力量，发展动作的协调性，探索事物的好奇心也增强了。

所以，对于宝宝敲敲打打的行为，妈妈应宽容宝宝，并尽量做到不去限制他的行为。妈妈可以守候在宝宝身边，看着他玩，或陪着他玩，避免发生危险。

温馨提示

爸爸妈妈可以给宝宝准备各种不同材质或形状的玩具，让宝宝感受到不同的声音。

喜欢触摸遥控器和手机按钮
——懂得物品凹凸

随着活动范围的增大，6 个月左右的宝宝对玩具以外的物品也开始感兴趣了，特别是对爸爸妈妈经常使用的物品更是充满好奇。其中，手机和遥控器可以说是宝宝非常喜欢的物品了。一有机会，他就想伸手拿，拿到手后就会对着凸出来的按钮按按、戳戳。如果妈妈想从他手中拿走，宝宝立刻就不愿意了。这一方面说明宝宝已经开始懂得物品凹凸，另一方面也说明宝宝开始探知初步的因果关系，对外界的好奇心和探索欲增强了。

懂得物品凹凸

当宝宝开始对遥控器和手机感兴趣的时候，如果给宝宝看一张有立体感的手机或者遥控器的图画，宝宝就会去摸画面上看起来凸出来的按键。由此，我们可以了解到，这个时期的宝宝已经开始理解凹凸的意义了。他们看到凸出来的按键，可能会觉得：“咦，这里好像长得不太一样？”“我按、我戳，是真的不一样呢！”

懂得物品凹凸，对宝宝来说是非常重要的。一方面可以让宝宝有不同的视觉刺激，另一方面还可以让宝宝有不同的触觉感受，对宝宝

感知世界很有帮助。比如，在宝宝练习走路时，凹凸的意识，可以让宝宝在上下楼梯或台阶等过程中减少摔跤。

爸爸妈妈平时可以帮宝宝准备玩具手机、玩具遥控器等类型的玩具，满足宝宝“按按戳戳”的想法。在玩积木时，各种不同形状的积木对应不同的凹槽，对宝宝认识形状和理解凹凸也有一定的帮助，爸爸妈妈平时不妨多陪宝宝玩此类型的游戏。

探知初步的因果关系

与此同时，手机和遥控器能带来的“神奇效果”也让宝宝感到好奇和惊喜。比如，拿着电视遥控器按几下，电视机就开了，继续乱按，电视画面就会不断发生变化；按手机，就会放出好听的音乐、好玩的画面……当宝宝知道按按、戳戳就能让它们发生“变化”，这对他们来说是多么的“有趣”呀！由此可以看出，这个时期的宝宝，已经开始探知初步的因果关系了。

宝宝的模仿行为

“手机这个神奇的小方块不知道有什么魔力，能让爸爸妈妈时刻不离手，就连吃饭、上厕所都带着它，简直比自己还要深得爸爸妈妈的欢心，不如自己抢过来看看？”或许宝宝心里会有这样的想法吧！于是，他会像爸爸妈妈一样，拿着手机左按按、右戳戳，或是放在耳朵边模仿大人打电话的动作，有时候甚至还会放进嘴里咬咬。

温馨提示

正是因为看到了手机、电视等带来的“哄娃”效果，很多家长也因此走入一个误区：将之作为“哄娃神器”。自己忙的时候，用它们代替自己“陪”宝宝；宝宝不听话或哭的时候，拿它们出来哄宝宝……真的很有效。但过早让宝宝接触电子产品，对宝宝的眼睛和大脑发育都会产生不好的影响，爸爸妈妈需要引起重视。

会用脑袋撞墙壁或家具
——简单的自我安抚

“宝宝 10 个月了，最近醒来总喜欢用小脑袋有节奏地往床栏杆上撞，撞完也不哭，也没发现宝宝有什么不适，但是每次听到他撞得‘咚咚’响，真的好心疼！”

“有时和宝宝说话，他会突然用力地用自己的头撞我的头，我疼得厉害，但宝宝却咯咯地笑，而且还想继续撞。”

相信很多爸爸妈妈都对类似的情景很熟悉，也很担心宝宝把小脑袋撞坏了，可是宝宝偏偏特别喜欢“撞头”，这是为什么呢？宝宝“撞头”正常吗？会不会有什么伤害？

“撞头”是宝宝的常见行为

“撞头”是宝宝的一种常见行为，表现为用自己的后脑勺或脑门“咚咚”地撞击墙壁、家具等物体，或是有节奏地拍打自己的脑袋，或用自己的头撞别人的头等。有超过20%的宝宝会故意撞头，而

且男宝宝出现这种情况的概率比女宝宝高3倍。宝宝一般在过了6个月之后开始撞头，18～24个月达到高峰。宝宝撞头的习惯可能会长达几个月，甚至几年，但大部分宝宝3岁之后就不爱撞头了。

宝宝为什么会“撞头”呢？

宝宝出现“撞头”行为时，妈妈通常会比较担心，担心宝宝会受伤，会伤到大脑。但是对于宝宝来说，看不出他很疼的样子，反而看起来很开心。那么，宝宝到底在做什么呢？

实际上，宝宝只是在享受碰撞头部的感觉。对于宝宝来说，头部是自己的眼睛看不见的地方，当然也不能像手脚一样放到嘴里去感觉，因此，即便宝宝对自己头部很好奇，却没有一个比较好的方式去感受它，所以宝宝便用撞击的方式去确认头部的存在。

有专家认为，“撞头”这种“看着都疼”的方式，恰恰是宝宝放松自己的方式之一。有些宝宝之所以喜欢用脑袋撞东西，可能是由于这种行为带来的节奏和感受与平时他们所接受到的某种安抚特别相似——比如被抱在父母的臂弯里、躺在童车摇篮里摇晃。这些宝宝通常比较偏爱有节奏的律动，有时，当他们听到音乐时，也会跟着节奏摇摆身体和（或）头部。

在宝宝长牙或者耳朵发炎的时候，他也可能会用脑袋撞东西，以此让自己分散注意力，缓解不适。爸爸妈妈可以通过观察宝宝是否有其他症状来鉴别。

温馨提示

大多数情况下，父母的担忧是多余的。虽说精神障碍或者神经系统受损的宝宝也会有用脑袋撞东西的行为习惯，但是若你的宝宝身体健康，体格和智能发展一切正常，就不需要特别担忧。宝宝的成长差异性比较大，有的宝宝完全不会这样做，但也有很多宝宝会这样做，不过，等他反复做几次之后就不做了。目前，还没有听说这种行为会导致宝宝头破血流的事情发生，爸爸妈妈没有必要过于担心，只要在一旁守护好宝宝，做好安全措施就可以了。

除了有限的活动能力外，宝宝的各种情绪和需求还可以通过表情、眼神与声音等表达出来。它们就是宝宝身体的“晴雨表”，能够显示宝宝心情的好坏、身体的健康与否以及情感上的需求。

Chapter 2

读懂宝宝的表情、眼神与声音

喜欢目不转睛地盯着人看——从眼睛开始认识事物

刚出生不久的宝宝，让人不了解的地方数不胜数，有时他会一直盯着眼前的人看，让爸爸妈妈忍不住猜测他在思考什么。

目不转睛背后的生理原因

刚出生一两个月左右的宝宝，当妈妈抱他的时候，有时他会目不转睛地盯着妈妈看。妈妈可能会暗自欣喜：宝宝这么小就认识妈妈了？有时候，妈妈会忍不住和宝宝说："宝宝，妈妈在这里哦。"不过，宝宝仅仅只是盯着妈妈看，并没有其他反应。妈妈可能会犯嘀咕：宝宝这是怎么了？他小脑瓜里在想什么呢？

其实这是一种正常的生理现象，这时的宝宝眼睛还不能自如地跟着移动的物体转动，所以会一直盯着眼前的人，呈现目不转睛的状态。通常这种情况在宝宝出生1～2个月后会自动消失。

这种情形，在宝宝看电视、看录像带等活动影像时也经常发生。电视中的影像颜色鲜艳、画面快速变换，宝宝可以持续注视一两分钟，这并不是因为他看到这些画面时感觉到了什么，或是在思考些什么，他只是被动地“固视”，一时无法移开目光而已。爸爸妈妈如果担心宝宝长时间盯着电视造成视觉疲劳，可以把宝宝的头转开，不要让电视画面进入他的视野就好了。

宝宝从眼睛开始认识事物

由于掌管调节眼与物体距离的晶状体肌肉在出生时还很弱，所以刚出生时宝宝的眼睛还不能准确地聚焦，而且由于视敏度不够，导致分辨能力差。虽然刚出生的宝宝眼睛还看不清楚，但是他也会凭借有限的视力积极地探索身边的世界。

在出生后的前几个月里，宝宝的视觉系统发育非常快。到3个月大时，宝宝眼睛的聚焦就已接近成人，有目的地注视事物的时间越来越长，注视后进行差异辨别的能力也不断增强。到三四个月时，宝宝开始认识爸爸妈妈和周围的亲人，会喜欢凝视他们的脸，特别是眼睛附近，有时还会伸出手去触摸。

有研究发现，3个月大的婴儿能分辨出两张陌生人照片之间的不同，哪怕这两个人长得相似，他们也能认出来。宝宝就是根据观察他们的眼睛附近来判断的。也就是在这时候，宝宝能从好几张女人的照片中认出自己妈妈的照片，因为他们看自己妈妈照片的时间比看陌生人照片的时间长得多。宝宝通过眼睛认识事物的能力之强是让人惊讶的。随着宝宝视物越来越清楚，对视野中的一切事物的探索也会越来越熟练。

温馨提示

当妈妈跟宝宝说话或者给他喂奶时，可以试着让宝宝看你的脸，与他进行目光接触，同时做出丰富的表情，或者慢慢地左右移动你的脸，让宝宝注视你的脸并随之转动眼睛，这样能够促进宝宝大脑神经细胞的发育，对宝宝认知和社交能力的发展也有好的影响。

双眼直勾勾地盯着某样东西——感到好奇

我们都知道眼睛是心灵的窗户，是心灵语言的传达工具，这不是仅仅针对成人而言，对孩子来说也是如此。

宝宝感到好奇时的眼神

当宝宝长到3个月左右大时，他的眼睛活动更加协调，双眼能够同时运动并聚焦。随着宝宝的不断成长，宝宝对物体专注和凝视的兴趣也与日俱增。有时爸爸妈妈能看到宝宝双眼直勾勾地盯着某样东西，这表示“我很好奇”“我对此很有兴趣”。大一点的宝宝可能还会把头转向爸爸妈妈，仿佛在用眼神向爸爸妈妈询问“这是什么”“为什么会这样？”等。

许多父母不懂得宝宝专注的凝视是表示他很好奇，当发现宝宝长久地对着某个物体愣神，爸爸妈妈就想当然地觉得宝宝在发呆，认为应该给他换一个关注对象，转移他

的注意力，让他把情绪调动起来。事实上，宝宝发现和探索事物是需要一定时间的，宝宝凝视就是他在观察和认识事物。如果爸爸妈妈按自己的意志打断宝宝的专注，不仅不利于培养宝宝的专注力，还容易让他对大人产生很强的依赖感。

当爸爸妈妈看到宝宝双目凝视，紧紧盯着一样东西时，要根据实际情况解决宝宝的疑惑，或者满足他凝视的需求，这样才能保护宝宝的好奇心和探索欲，培养宝宝的专注力，让他自由地了解自己感兴趣的事物。

读懂宝宝常见的眼神

德国著名心理学家梅塞因说过："眼睛是了解一个孩子的最好工具。"由于对周围世界的认识不足和表达能力的欠缺，宝宝的眼神往往是他表达心声的重要手段，从他眼神中所流露出的细微的感情往往比口头语言和肢体语言更能传达出准确的信息。

想要更好地与宝宝沟通，爸爸妈妈首先应该学会透过宝宝的眼神读懂他的内心。一般来说，除了表达好奇心和探索欲，宝宝的眼睛还能告诉爸爸妈妈以下信息：

◆吃饱喝足的宝宝会弯着眼睛，平静地微笑，从他的眼神和表情妈妈就能读出他很满足。

◆当宝宝眼神迷离时，一般表示"我很困了"。

◆见到熟悉的人或事物出现，比如妈妈下班回家、见到奶瓶时，宝宝会两眼放光，露出欣喜的眼神，这表示他很期待。

◆面对陌生的事物，如果宝宝眼神闪烁、不敢直视，这表示他害怕了。

◆和宝宝说话时，如果他东张西望，眼神游离不定，这表示"我对你说的不感兴趣"。

◆当爸爸妈妈用温柔的抚摸、笨拙的鬼脸逗宝宝笑时，他会感到心情愉快，充满了安全感，双眼也会变得晶亮有神，眼角嘴边都溢满了欢笑。

只要爸爸妈妈用心观察宝宝的眼睛，就不难读懂宝宝的内心世界，这样爸爸妈妈就能及时回应宝宝的需求，与宝宝建立起更加亲密和谐的亲子关系了。

一动不动地盯着陌生人的脸——开始认生

虽然每个宝宝的情况不尽相同，但大多数宝宝会在5～7个月开始害怕和拒绝陌生人，也就是我们通常所说的“认生”，其中一个代表性的表现就是会一直盯着陌生人看。

宝宝开始“认生”了

细心的爸爸妈妈可以发现，在宝宝出生后的前4个月，他一般都不会认生，那时宝宝对周围的一切事物都感到好奇，充满兴趣，对任何人的逗引基本都会报以微笑。当宝宝长到5个月左右时，他已经具有了一定的认知能力，可以区分出妈妈和陌生人了，并对陌生人有了警惕。但这种认知还不是特别充分，为了明确这到底是认识的人还是不认识的人，宝宝会一动不动地盯着人的脸看，看一会儿才能做出判断。对于不认识的人，宝宝通常会在盯着人看之后用哇哇大哭表示自己的态度。随着宝宝认知能力的发育和对周围环境的熟悉，到1岁左右时，宝宝的认生状况就会慢慢减弱。

正确看待宝宝“认生”

宝宝“认生”的状态不仅仅是针对初次见面的人，好几个星期没有见面的爷爷奶奶，对宝宝来说也是陌生人。有时，如果宝宝见到很久不见的爷爷，爷爷亲热地对他说：“宝宝你好啊，来，让爷爷抱抱。”宝宝会绷着严肃的小脸，直直地盯着爷爷，怎么逗也不笑。这样“不给面子”，可能会让很多大人颇为“伤心”，甚至尴尬。许多爸爸妈妈为此很忧虑，认为宝宝认生“不正常”，是“坏毛病”。

虽然爸爸妈妈不希望自己的宝宝“认生”，但这确实是宝宝成长的必经阶段。宝宝“认生”意味着他能区分家人和陌生人了，希望自已能留在家人身边，远离陌生人，这是宝宝认知能力发展和自我保护意识萌发的体现，是自然而健康的，爸爸妈妈应当为此感到高兴。

帮助宝宝更好地度过认生期

有的爸爸妈妈知道宝宝进入了认生期，为了防止陌生人给宝宝带来恐惧，就常常把宝宝关在家里，不让他接触陌生人，即使到了外面也尽量避开人，如果碰到自己认识而宝宝不熟悉的人，只是远远打声招呼，就带着宝宝匆匆离去。这样“过度”保护，很容易使宝宝失去与人打交道的好时机，进而使他形成孤僻、胆小等性格，不利于其社交能力与健康人格的发展。尤其是现在的宝宝多是独生子女，本来就与人交往少。

这个时期是宝宝生长发育的关键时期，需要更多的信息来刺激大脑的发育，“认生”会使宝宝没有勇气接触陌生的人和物。如果爸爸妈妈不加以引导，反而给予宝宝“隔离保护”，那将会严重影响宝宝的智力和社交能力的发展，并造成宝宝怯懦、胆小的性格，对未来的工作、生活都有不利影响。

当然，爸爸妈妈为了改掉宝宝“认生”的“坏毛病”，而把宝宝强行放到陌生的环境中，美其名曰“锻炼”宝宝，也是不妥的。这样只会适得其反，加重宝宝对陌生人和事物的恐惧，让宝宝“认生”的情况越来越严重，甚至造成严重的心理问题。

宝宝“认生”是一种正常现象，爸爸妈妈不要给他贴上“胆小”的标签，给予过度保护或强加改变。那么到底怎样做才能帮助宝宝更好地度过认生期，让宝宝的智力和人际交往能力都得到正常发展呢？爸爸妈妈不妨参考以下做法。

建立牢固的亲子依恋

帮宝宝减轻“认生”，重要的是跟他建立牢固的亲子依恋，爸爸妈妈每天给予宝宝充足的陪伴，满足他的生理、心理需要，给他安全感，这样宝宝才能顺利度过认生期。

扩大宝宝的活动范围

在宝宝还没有“认生”前，爸爸妈妈要多带宝宝走出家门，到社区、商店、公园等公共场所，让他接触外界不同的环境和事物，感受不同人的面孔和声音，但要注意循序渐进，以免产生反作用。

顺应宝宝的心理

宝宝虽然“认生”，但天性使他愿意跟妈妈年纪相仿的阿姨或同龄的宝宝在一起，妈妈带宝宝出去玩耍时，可以引导宝宝和那些与自己年龄差不多的女士打招呼，让他和孩子们多接触，从而渐渐克服“认生”。

让“陌生人”合理接触宝宝

“陌生”是针对宝宝而言的，在亲朋好友准备抱宝宝之前，爸爸妈妈应提醒他们先逗一逗宝宝，让宝宝熟悉了之后再抱，不要直接做身体接触。妈妈也不要突然地将宝宝交给“陌生人”，宝宝会自然地拒绝和反抗。

妈妈看哪儿，宝宝就跟着看哪儿——共同注意

从宝宝 9 个月左右开始，妈妈在照看宝宝的过程中可能经常会发生这样的情况。

妈妈在面对面和宝宝玩的时候，如果视线从宝宝身上移开，转到另外的物体上面，宝宝也会跟随妈妈转移视线，和妈妈看向同一方向。比如，妈妈正抱着宝宝站在阳台上看外面的风景，妈妈突然想到，之前放入自动洗衣机里的衣服应该已经洗好了，于是妈妈扭头看向角落里的洗衣机，这时宝宝的视线会受到妈妈目光的牵引，也看向洗衣机；或者妈妈一边用手指着一边说：“看那边有小朋友在玩哦。”宝宝也会跟着看向妈妈手指的方向。

宝宝这种追随他人视线，关注他人的注视焦点的行为就是“共同注意”。

共同注意，通常在宝宝 9 个月左右时发生，到了大约 12 个月的时候，宝宝的共同注意趋于稳定，宝宝在能够跟随大人的注视或者指引转移视线之后，还会将注意力再转向大人，在物体和大人之间进行眼神交替，以进一步确定自己注意的是同一个焦点。到了 1 岁末的时候，宝宝还会主动地通过注视、手势和声音引发其他人对他感兴趣事物的共同注意。

共同注意，是宝宝想知道对方的心情而产生的行为，这说明宝宝除了关注自己和对方“一对一”的关系之外，也开始注意其他衍生出来的新关系了。在此基础上，宝宝开始尝试推测和理解对方对衍生事物的态度和想法。

宝宝的这种反应体现了他理解他人意图的能力的发展，是宝宝开始社会认知的标志，同时也是宝宝语言、游戏技能、情感表达等其他更复杂的社会性认知能力发展的基础，对于宝宝的社会性发展有着举足轻重的作用。

转动脖子，用目光追寻妈妈
——感受视野的变化

大部分的宝宝出生后 3 ～ 4 个月就能够很好地挺起脖子了，趴着的时候头可以支撑住，使之不垂下来。到 4 个多月时，脖子上的肌肉得到发育，头部有了一定的运动自控能力，宝宝就可以用自己的力量去转动脖子了。

转动脖子扩大视野

脖子的转动使宝宝的视野随之扩大，各种各样的新鲜事物映入眼帘，勾起宝宝的好奇心，进而产生更想看的意愿。他可以转动自己的脖颈有目的地观察某些事物。在此之前，宝宝看东西只有眼睛在动，他只会用眼睛去追寻视野里的东西，一旦脱离视野，宝宝的视线就不会追踪了。

这个阶段有时我们会看到宝宝在左右转动他的脖子，这应该是宝宝在开心地享受视野的变化。当然，宝宝最喜欢看的是妈妈，他会转动自己的脖子寻找妈妈，所以有时妈妈偶然看一眼宝宝，却能惊讶地发现宝宝正看着自己。宝宝对于有趣的玩具和食物也会很感兴趣，特别是奶瓶。

让宝宝练习俯趴

这时可以让宝宝多练习俯趴，和整天躺着的宝宝相比，俯趴会让宝宝拥有更广阔的视野，从不一样的视角来看世界，有利于满足宝宝的好奇心。俯趴还能够促进宝宝的颈部、背部和四肢的肌肉和力量，而且有利于全身肌肉协调性的发展，再加上宝宝好奇心做动力，能使宝宝更快地学会翻身、爬行。

先自己笑再把脸转向妈妈
——和妈妈分享喜悦心情

笑是宝宝与大人交流的重要手段，表达了他的内心活动和情感需要。当宝宝先自己笑，再把脸转向妈妈时，代表了什么呢？

想和妈妈分享喜悦心情

一般快满3个月时，宝宝就会用微笑来表达自己的开心与舒服，有的宝宝还会通过“咯咯”的笑声来吸引妈妈的注意。到了6～9个月时，宝宝越来越活跃，对许多事物充满好奇，当他发现了有趣的东西或成功做成了某件事时，会感到特别兴奋，进而露出笑容。到9个月时，宝宝开始渴望妈妈能分享他的喜悦心情。当他为有趣的事物或自己的成功露出笑容时，还会把脸转向妈妈，朝着妈妈笑，好像在说：“妈妈，你看，我做到了。”“妈妈，这真的好有趣呀！”

回应宝宝的笑

宝宝长大了，他会用笑容表达自己快乐的心情，同时，他也希望和妈妈分享快乐。然而遗憾的是，很多妈妈没有注意到宝宝的这种笑容，即使注意到了也不了解其背后所隐藏的意义，结果让兴致高昂的宝宝倍感失落。当宝宝用笑容和妈妈分享自己的喜悦时，妈妈要给予宝宝一个积极的回应，可以对他报以微笑，或者对他进行适当的夸奖，这会帮助宝宝树立自信心并做得更好。妈妈也要和其他家人沟通，让他们照顾宝宝时注意观察宝宝的表情，及时回应宝宝。

咧嘴微笑
——感觉开心与舒服

婴儿时期的宝宝还不会用语言表达自己的情绪，不过，他的笑容、眼神、动作、发出的声音等，都是他表达情绪的方式。

宝宝咧嘴微笑的潜台词

通常在宝宝3个月左右时，当他看到熟悉的人、新鲜有趣的东西，或者吃饱了、换了干净的尿布之后，会咧嘴露出微笑，那纯真的笑容简直把人的心都要融化。其实只要感到开心与舒服，觉得有安全感，宝宝都会咧嘴露出笑容。尤其是看到周围人对他笑、逗他开心、给他安慰的时候，宝宝会特别高兴，不仅会开心地笑个不停，同时还会伴随着两眼闪闪发亮、手脚晃个不停等，以表达他此刻的愉悦心情。

当宝宝对着你微笑时，爸爸妈妈一定要给予宝宝一个灿烂的笑容，同时用手轻轻地抚摸宝宝的面颊，亲吻宝宝的额头，这样宝宝就会知道爸爸妈妈很喜欢他笑，也就会常常微笑了，这对宝宝精神方面的发育至关重要。

不爱笑的宝宝可能缺铁

从宝宝的发育进程看，一般宝宝在出生2～3个月后便能够在大人的逗引下露出微笑。但有些宝宝不爱笑，小脸总是很严肃，表情呆板，即使大人想尽办法逗弄也笑得很少，这时候爸爸妈妈就要注意了，因为这可能是宝宝体内缺铁所造成的。

宝宝脸上的表情与体内铁元素的含量有关。铁是人体不可或缺的营养元素，人体内60%～70%的铁元素存在于血红蛋白中，如果人体缺铁，就会降低血红蛋白的含量和生理活性，使血红蛋白的携氧量明显减少，从而影响人体氧的供应，导致组织细胞内缺氧而使活动能力下降，使宝宝出现不爱笑、疲倦、食欲减退等表现。而如果宝宝体内铁含量正常，宝宝就会经常面带笑容，目光炯炯有神。

当然并不是说宝宝不爱笑就是体内缺铁的表现，有的宝宝天生比较严肃，爸爸妈妈还要结合宝宝的其他情况进行判定。通常宝宝若是缺铁，会有皮肤、嘴唇、甲床、手掌等部位苍白，精神萎靡，反应力低，甚至烦躁不安、食欲不振等现象出现。

让宝宝恢复灿烂笑容

宝宝缺铁的原因很多，一般情况下是在给宝宝添加辅食后，没有通过食物补充足够的铁元素引起的。宝宝在这个时期生长本身就十分迅速，对铁的需求量也多，如果不能从食物中获得足够的铁，就很容易引起缺铁。有些宝宝因为某些疾病或者过敏症状，会导致体内铁元素的丢失或者消耗过多，因而缺铁。另外，妈妈如果在怀孕期间自身缺铁，会影响宝宝出生时体内的铁储存量，从而增加宝宝在婴幼儿期贫血的风险。爸爸妈妈要仔细查找宝宝缺铁的原因，在医生的指导下有针对性地进行食疗或服用铁剂等来改善，只要给缺铁的宝宝补充足够的铁元素，相信宝宝很快就能展露灿烂的笑容了。

喜欢玩舌头、吐泡泡——宝宝在自娱自乐

处于婴儿阶段的宝宝，其基本活动是玩，表现为只要吃饱喝足、睡眠足够、身体舒适，处于清醒的状态时就会玩耍。

宝宝的自娱自乐

0～3个月的宝宝，大部分行为由生理反射功能决定，玩耍的重点在于他自身，比如在自己眼前晃动双手、玩弄手指、吮吸手指、伸舌头、吐泡泡等；等到再大一些，宝宝便会抓取能力范围内的东西来供自己玩耍，身上盖着的被子、脚上的袜子、身边的玩具都能成为玩耍的对象。

有的爸爸妈妈发现宝宝吐泡泡就怀疑他是生病了，如果宝宝吐泡泡的同时伴随着发热、咳嗽、吃奶呛咳、不吃奶，甚至呼吸急促、精神萎靡等表现，这确实可能是生病的信号，爸爸妈妈要引起重视。但如果宝宝精神好、吃得香，一边吐泡泡一边玩弄舌头，爸爸妈妈就不用过于担心，这是宝宝在自娱自乐。到宝宝5个月左右时，如果他一边看大人吃饭，一边吐泡泡，爸爸妈妈就可以试着给宝宝添加辅食了。

自娱自乐让宝宝受益无穷

自娱自乐不仅能够给宝宝带来很多乐趣，还能发展宝宝的独立性，让他学会不必每时每刻都依靠大人才能获得快乐，这对他稍大一些后适应环境也有好处。研究表明，擅长独自玩耍的宝宝日后发展逻辑思维智能和自理能力也都有较强的优势。

自娱自乐还能满足宝宝的好奇心。另外，由于这时候宝宝的玩耍通常是自发的、充满实验性和趣味性的，放手让宝宝自己玩耍，让他尝试不同的方法，体验不一样的感受，对于宝宝的智力发展和创造力培养也很有帮助。

偶尔让宝宝独自玩耍

宝宝需要爸爸妈妈的陪伴，但他偶尔也想要独自玩耍。现实生活中，有的爸爸妈妈对宝宝过于关注，总是在宝宝独自玩耍时“打扰”他，比如做鬼脸逗他笑、用玩具吸引他的注意力等，这容易让宝宝养成不好的习惯。

贝贝是家里的独生女，一生下来全家人就围着她转，无论何时，贝贝的身边都至少有一个人陪着。贝贝没满月时，由于睡的时间多，醒的时间少，大人和她的互动也有限，随着贝贝每天清醒的时间越来越长，大人们逗她的时间也多了，只要她醒着就想办法逗她笑、跟她说话、做身体接触。现在贝贝满6个月了，总是需要人在身边陪着，只要大人不在身边就不高兴，甚至哭闹不止。

事例中的贝贝，就是在不经意间养成了过度依赖大人的习惯，缺少了独自玩耍的能力。宝宝虽然需要爸爸妈妈爱的包围，但并不意味着时时刻刻需要得到爸爸妈妈的关注。当宝宝怡然自乐地玩舌头、吐泡泡时，爸爸妈妈最好不要打扰宝宝，也不要试图参与到游戏中去，只需要做好“旁观者”，耐心地进行欣赏即可。

陪宝宝玩耍的时候，爸爸妈妈也要注意创造机会让他独自玩一会儿。比如，拿一些可以抓握、发出声响、色彩艳丽的玩具让他自己玩，玩具不要太多，不然容易让宝宝产生厌烦感。在宝宝专注地玩耍时，爸爸妈妈尽可能不要打扰他，以此培养宝宝的独立性和专注力。

宝宝眼神无光——多半是身体不适

眼睛不仅是宝宝传递情绪的“窗户”，也是爸爸妈妈观察宝宝健康状况的“窗口”。通过观察宝宝的眼睛，爸爸妈妈能够察觉他健康与否。

宝宝眼神无光是为什么

宝宝在身体健康的时候，双眼总是明亮有神、转动自如的。一旦宝宝在清醒时眼神无光、目光呆滞、精神萎靡，就可能是身体出现不适了。

西西午睡醒来，妈妈看他不像平时睡醒那样精神，于是抱起他去小区里玩耍，平时西西看到小区里玩耍的小朋友他都会双眼放光，嘴里叽里咕噜地说着什么，今天却异常安静，而且目光呆滞，明显精神不振，还会时不时用手抓耳朵。到了晚上，西西开始哭闹起来，怎么哄都不听，妈妈给他测体温发现烧到了 39.5℃。妈妈赶紧带着西西到了医院，经过医生检查，原来西西是得了外耳炎。

随着身体各部分功能的发育，到 6 个月时，宝宝已经变得越来越活泼，只要吃饱、喝足、睡够、身体舒适，就会瞪着一双黑葡萄一样的眼睛到处看，一副不知疲倦的样子。如果像事例中的西西这样，出现眼神黯然呆滞、无光少神，并且还伴随着精神萎靡不振或其他异常表现，那很可能是身体不适的征兆，爸爸妈妈要及时带宝宝就医，以免延误了治疗时间。

留住宝宝灵动的眼神

宝宝一生病，就会从生龙活虎的状态变得萎靡不振，眼睛也会失去光彩，让大人看了格外心疼。为了让宝宝保持健康活泼的状态，留住宝宝灵动的眼神，爸爸妈妈就要注意照顾好宝宝，增强宝宝的抵抗力，以抵抗疾病的侵袭。

怎样才能增强宝宝的抵抗力呢？

常带宝宝到户外

在天气晴朗的时候，多带宝宝到户外走走看看，晒晒太阳、呼吸新鲜空气，大一点的宝宝还可以进行户外运动，这样能促进宝宝骨骼生长，提高免疫力。

合理喂养宝宝

提倡妈妈进行母乳喂养，等到宝宝五六个月大时，要及时、合理地给宝宝添加辅食。如果不及时给宝宝添加辅食，很容易使他出现贫血、抵抗力低下的情况。

照顾好宝宝的日常起居

新生宝宝体温调节能力较差，要保持室内适宜的温度和湿度；给宝宝穿衣盖被以轻暖舒适为宜，不要一味地给宝宝穿很多，否则反而容易引起宝宝出汗着凉。

让宝宝进行体格锻炼

比较适合婴儿的体格锻炼是抚触，爸爸妈妈轻柔的爱抚可以促进宝宝的生长发育，增强免疫力。自宝宝8个月开始，可给他做一点简单的被动操，促进身体发育。

拧眉毛、挤眼睛——宝宝在说“疼”

宝宝感到疼痛的时候，不一定用哭闹的方式来表达，有时他会做出一些怪异的表情来让大人知道：“我觉得疼了。”

表情怪异可能是宝宝在说“疼”

有的爸爸妈妈认为宝宝年纪还小，对疼痛的忍耐度低，所以身体疼痛的时候肯定会哭出来，其实并非如此。随着宝宝月龄的增长，到6～8个月时，他已经可以忍受一些比较轻微的疼痛。当宝宝只是感到轻微的不适时，他可能不会大哭大闹，而是会采用蜷缩身体、拧眉毛、挤眼睛等行为来缓解身体疼痛。所以当宝宝出现怪异表情时，即使他没有哭闹，爸爸妈妈也要担心宝宝是不是在经受疼痛。

不要忽视宝宝给出的疼痛信号

妈妈不要觉得轻微的疼痛影响不大就不加重视，更不要寄希望于借此锻炼宝宝的坚强意志，这反而会影响宝宝的身心健康。

爸爸妈妈平时要注意通过观察法来发现宝宝有没有什么不适。当宝宝面部出现怪异的表情，如拧眉毛、闭着眼睛使劲挤、鼻子周围的皱褶变深、做怪相或长时间地张着嘴等，或者发出与平常不同的哭声，怎么安抚都无济于事，并且不爱吃东西时，就要注意查找宝宝身体是否有疼痛的部位，查明后给予及时的安抚或根据医嘱进行治疗。

撇嘴就掉眼泪——对父母有所要求

婴儿时期的宝宝还不能用语言来清晰地表达自己的需求，当他有所要求而没有得到及时满足时，就会用他自己的方式抗议，其中常见的方式就是撇嘴掉眼泪。

宝宝用撇嘴哭表达需求

刚出生的宝宝在有所要求的时候，往往是通过哭闹来表达，随着月龄的增长，宝宝各方面的能力越来越强，就开始用撇嘴来表达自己的需求，如果自己的需求长时间得不到满足，宝宝就会大哭起来。

丽丽 6 个月大了，她从生下来就很好带，一般只要吃饱喝足、没便没尿，就会踏实地睡觉或自己吸吮拳头、吐吐泡泡，自娱自乐，让爸爸妈妈很省心。但是妈妈最近发现丽丽有点变了，她醒着的时候总是时不时地撇起小嘴，一副受了委屈的样子，接着就哭了起来，眼睛还跟着妈妈移动，妈妈如果抱起她来她马上就不哭了，一放下就又撇嘴掉眼泪，再抱起来情绪又会好转。妈妈隐约感觉到丽丽撇嘴可能是因为自己没有满足她陪她玩耍的欲望，于是抱着她到处走走看看，然后再把丽丽放回床上，跟她说话、抚摸她、逗引她，丽丽很快就高兴地“咯咯”直笑。

宝宝 6 ~ 8 个月的时候，如果妈妈细心观察就不难发现，宝宝有时会撇起小嘴，看似不经意的动作，其实是宝宝有所要求的信号，如果自己的要求被长时间无视，宝宝就会用大哭来抗议。所以，爸爸妈妈平时在照顾宝宝时要细心观察，当发现宝宝撇着小嘴的时候，要尽快弄清楚宝宝有什么需求，是打瞌睡需要哄睡了，还是饿了渴了需要吃东西了，抑或是尿了、拉了、不舒服了，还是躺累了想坐起来或出去玩一玩。当了解了宝宝的准确需求后，就要及时地满足他。

注意满足宝宝的情感需求

有时候宝宝吃饱喝足也睡够了，尿布也是干净的，但仍然撇嘴掉眼泪，没有经验的爸爸妈妈往往对此很头疼，不知道宝宝到底要什么。其实，这时候往往是宝宝有了情感需求。

刚出生的宝宝，决定其情绪状态的主要是生理需求的满足情况和健康状况。一旦宝宝吃饱、喝足、睡够、舒服了，他就会表现得安静、愉快；如果饿了、渴了、困了或身体不适了，他就会撇嘴，满脸都写着“我不舒服”。

随着宝宝情感的发展，2个月左右的宝宝，其情绪就已经不再像新生的宝宝那样几乎完全与生理需求和健康状况相联系了，这时候的宝宝有了各种情感需求，想要爸爸妈妈拥抱、亲吻自己，陪自己玩耍，和自己说话，对自己笑……当有爸爸妈妈的陪伴，有人逗他时，宝宝就会显露出非常愉快的情绪。

当宝宝有了情感需求时，爸爸妈妈在照顾宝宝的时候，就要注意多观察宝宝，更多地关注他的情感需要，读懂宝宝撇嘴背后的潜台

词，并尽可能地给予满足，而不是简单地认为只管好宝宝的吃喝拉撒睡就万事大吉了。因为这个时期是宝宝心理发育的关键时期，只有让宝宝的情感需求得到满足，他才会拥有幸福感和安全感，从而形成健康快乐的心态；如果宝宝的情感需求长期被忽视，就可能在他内心深处留下阴影，影响宝宝日后的性格养成和心理发展。

不要迁就宝宝的不合理要求

对于宝宝的生理需要和情感需求，爸爸妈妈要及时地回应，而对于宝宝的不合理要求，爸爸妈妈也不能一味地迁就。

比如，看到桌子上摆放的闪亮的水果刀，宝宝想拿起来“研究”一番，这时候即使宝宝瘪嘴哭闹，爸爸妈妈也不能遂了他的意愿，因为水果刀对于他来说是十分危险的东西，即使宝宝想要也不能满足。妈妈可以指着水果刀告诉他：“这是刀，很锋利，容易把手划伤，宝宝不能玩。”当然这个时候的宝宝无法听懂妈妈的解释，这不要紧。妈妈可以接着用另外一件玩具来转移宝宝的注意力，或者抱着他换个环境玩耍，宝宝很快又会开心起来，因为他想要水果刀也是出于“玩”的需求，当妈妈陪他玩耍，他就能得到快乐和安慰。

竖着抱，宝宝就不哭了——感觉安全

家有婴儿的爸爸妈妈可能都经历过这种情况，原本躺着或横抱时哭闹不停的宝宝，一竖着抱就不哭了。这是什么原因呢？

宝宝喜欢竖抱的原因

这是因为竖着抱可以让宝宝感觉安全。人在看到与自己相同方向的脸时，比较容易读懂对方的表情，会更有安全感，婴儿也是如此。当妈妈竖着抱他时，他能够正视妈妈的脸，就会觉得安心。另外，竖着抱时，宝宝的头靠在妈妈的肩上，全身紧紧贴着妈妈的身体，这也让宝宝觉得更有安全感。

而且，竖着抱宝宝时，还可以让宝宝转移一下注意力，这也可以说是宝宝停止哭泣的一个理由。竖着抱时，宝宝可以更好地看到周围的事物，一旦被各种新奇的事物吸引注意力，他就顾不上哭了。

竖抱对宝宝身心发展有益

宝宝喜欢竖抱是一个很正常的生理发育过程。2～4个月的宝宝视觉、听觉等感知器官正在迅速发育，他的感官在积极探索这个世界，当宝宝平躺或者被大人横着抱的时候，宝宝视野可及的范围非常小，满足不了他了解周围世界的需求。当他的脖子渐渐可以支撑起头部，大人把他竖着抱在怀中，让他有机会360° 地观察一个充满新鲜事物的世界时，宝宝好奇心得到了满足，感知觉也得到了发展。

另外，在哺乳时，由于月龄较小的宝宝吞咽能力尚未发育完全，加之宝宝容易吸入空气，所以容易造成溢奶、吐奶甚至胃食管反流。妈妈可以在每次喂完奶后，竖着抱宝宝几分钟，在宝宝背上轻拍，让宝宝打出嗝，排出空气，从而顺利把乳汁咽下去。

竖抱要讲究方法

月龄小的宝宝由于颈椎的力量不足，颈部骨骼也还没有强化，所以竖抱时一定要给宝宝的头部和背部足够的支撑。正确的抱法是：妈妈身体微微前屈，靠近宝宝的脸庞，双手轻轻放在宝宝头颈部与屁股下方；再托着宝宝的颈部，支撑起他的头，慢慢将宝宝抱起，并贴近胸前，妈妈的身体也随之抬起；然后将支撑宝宝屁股的手慢慢挪动，用整只手臂支撑宝宝；另一只手扶住宝宝的头部、背部，让宝宝的胸部和头部的重量落在妈妈的肩膀和手臂上。

温馨提示

爸爸妈妈竖着抱宝宝时要注意以下事项：

◆刚开始竖抱的时间不宜过长，5 分钟左右即可，随着宝宝长大可逐渐延长时间。

◆贴胸竖抱时，注意要把宝宝的头转向一侧，以免窒息。

◆3 个月后，即使宝宝会抬头了，竖着抱宝宝的时候也要托着宝宝的腰背，以保护其脊椎。

被逗时会“咯咯”地笑出声——发声器官开始发育

一般从三四个月时开始，此前高兴时一直静静微笑的宝宝，当妈妈一逗他，会发出“咯咯”的笑声了。发出声音需要气息冲击使声带震动，让发出的声音在口腔内共鸣，使之变得更大。研究表明，会笑出声说明宝宝的下巴和喉咙附近的肌肉得到发育，口腔内部也为能够发出共鸣的声音提供了必要的空间。宝宝会笑出声也是从无意识地生理性微笑转变为社会性微笑的一种表现。

生理性微笑

主要是把嘴唇往两边牵拉，看起来就像在笑，这与宝宝中枢神经系统活动不稳定有关，一般出现在比较舒适的时刻，如睡好了、吃饱了。

社会性微笑

这是对某件事情发生反应后出现的笑容。比如发出声音的铃铛、大人在面前逗引都可以引发宝宝的微笑，这是宝宝与世界交流的方式。

经常逗宝宝笑，可以帮助宝宝进行发声练习，还能促进宝宝的脑部发育，加深亲子之间的情感。其中一个经典又受欢迎的小游戏便是“捂脸躲猫猫”，经常能把宝宝逗得“咯咯”地笑出声。

捂脸躲猫猫

游戏准备：将宝宝放在床上。

游戏过程：

1. 爸爸与宝宝脸对脸，然后说“哇”。

2. 爸爸用双手蒙住自己的脸，然后突然将双手放下，对着宝宝说“哇”。

3. 爸爸转头，然后说“哇”。

“啊、啊”地尖叫——宝宝在练习发声

3个月以上的宝宝经常会出现这种情况，躺在床上玩着玩着，就突然“啊、啊”地尖叫起来。每次爸爸妈妈紧张地跑过去看，却发现宝宝不哭不闹，也没什么不舒服的表情。这到底是怎么回事呢？

一般宝宝长到3个月左右，就会进入简单发音阶段，宝宝开始有了积极要“说”的欲望，他开始自发地发出一些语音，但不能主动模仿别人的发音，于是爸爸妈妈可以经常听到他发出“啊”“噢”等声音，有时看到令他高兴或他感兴趣的东西时，可能会兴奋得发出“啊啊”的尖叫声，这是宝宝在自发地进行发声练习，就像小鸟初试啼声一样。

当宝宝听到自己的尖叫声后，会被这个特别的声音吸引住，觉得尖尖的声音很有趣。当他下一次咿咿呀呀发声时，可能想起了很好玩的尖叫声，就开始扯着嗓子尖叫起来。他发现，他可以控制自己的声音，能轻轻地咿咿呀呀，也可以大声尖叫，这会让他觉得非常有意思。

听起来刺耳的尖叫声对宝宝的成长与发育也是有益处的，这不仅是宝宝在进行发声练习，也能锻炼宝宝的肺活量，爸爸妈妈还能从中了解宝宝的情绪。因此，爸爸妈妈不要阻止宝宝尖叫，可以用温和而慢节奏的声音跟宝宝说话，引导宝宝不断练习发声。

温馨提示

如果宝宝不只尖叫，脸上还表现出痛苦的表情，甚至随着尖叫而哭闹，那么爸爸妈妈要考虑宝宝是不是生病了，要及时带他就医。

“咿呀”，听听宝宝在说什么——宝宝学说话

在学习语言的过程中，大多数宝宝都会经历从没有含义的咿呀学语过渡到有意义地说话的阶段，“咿咿呀呀”就是宝宝学说话的开始。

宝宝开始学说话了

一般来说，宝宝第一次咿呀学语发生在2～3个月大时。这时候宝宝高兴时会发出“啊啊、呜呜”等声音，主要以韵母为中心，不太使用唇、舌发出声音。

4个月以后，宝宝进入了连续音节阶段，爸爸妈妈可以明显地感觉到宝宝发音增多，而且会发出复杂的语音和连续音节，如“ba-ba”“da-da”“mou-mou”等声音，但这时宝宝的发音还没有具体的指向，属于自言自语。

到9个月左右时，宝宝的语音进一步增多，会发更多的声音和不同音节、变换音调，还能模仿大人和学习新的发音。

如何回应咿呀学语的宝宝

一开始，宝宝是由于本身的乐趣而“咿咿呀呀”，爸爸妈妈听到后，可以表达赞许并模仿宝宝的发音对着他咿呀作答，这样可以激起宝宝更大的兴趣，令他更起劲地继续尝试发声。

先天性聋哑的宝宝在出生后的头几个月里也会像正常宝宝一样咿呀学语，但由于他们听不到自己和别人的声音，发音的兴趣就会消失，语言的发展因此而受到阻碍。所以爸爸妈妈要积极地回应咿呀学语的宝宝。

当然，爸爸妈妈正常的发音也不可少，要放慢语速，用富有变化的声调和夸张的语气说出一些简短的词语或句子，比如：“宝宝在吃奶。”“喝水。”正是接近成人语言的不停“输入”，才为宝宝提供了机会，让他学习大人说话的方式。

加强对宝宝的语言训练

4个月以后，爸爸妈妈要注意在日常生活中给宝宝输送更多有意义的声音。比如，给宝宝换衣服时，和宝宝说：“妈妈在给宝宝换衣服，伸伸小胳膊，抬起腿。”给宝宝喂奶时说：“妈妈给宝宝喂奶了，宝宝要吃饱，长大个哦。”类似这样尽可能地与宝宝多说话，时间一长，这种语言信息就储存在了他的脑子里。

随着大人的不断强化，宝宝就会把“妈妈”“衣服”“喂奶”这些发音和具体的人或事结合起来，并且逐渐理解这些语音的意义，开始试着模仿。经过较长时间的积累后，宝宝就会形成自己的语言了。虽然这需要经过很长一段时间，但宝宝就是这样从没有含义的咿呀学语过渡到有意义地说话的。

对宝宝进行语言训练，除了经常给他语言刺激，玩一些语言的亲子游戏也是不错的方法，比如“鹦鹉学舌”的游戏。这个游戏能引导宝宝进行回应性发音，锻炼他的发音能力，促进语言智能的发育。

鹦鹉学舌

游戏准备： 让宝宝俯卧在床上。

游戏过程：

1. 在宝宝情绪稳定的时候，面对着宝宝，试着对他发单个韵母“ɑ（啊）”“o（喔）”“e（饿）”等，让宝宝看到爸爸发音时的口型。

2. 可以将宝宝的手放在爸爸的嘴巴上，让宝宝通过触觉体会爸爸发音。

3. 边教他发音的时候边逗宝宝笑一笑，以刺激宝宝发音。

温馨提示

宝宝开始咿呀学语是个值得记录的时刻。爸爸妈妈可以将手机开启录音功能，然后鼓励宝宝开始咿咿呀呀地说话，把宝宝的发音录下来，这会是个很棒的纪念品。

每一位父母都应清楚地了解自己的孩子，不仅要了解他的可爱之处，更要及时发现他的“异常”。这些“异常”，有些是宝宝发育过程中的自然现象，家长只需及时引导即可。

Chapter 3

读懂宝宝的“异常”行为

爱吃自己的手脚——口腔敏感期

很多妈妈会发现，到了某个时期，宝宝总是喜欢把自己的手或者是脚放进嘴里“吧唧吧唧”地吃个不停。自己的小手或者小脚就那么好吃吗？宝宝为什么会有这种奇怪的表现呢？

其实，家长可能不知道，宝宝出现这种行为，就表明其口腔敏感期到来了。他正在通过自己的嘴巴来探索世界，有些妈妈觉得宝宝吃手或吃脚很不卫生，于是会经常制止他的这种行为，但结果却不尽如人意，宝宝依旧会继续，而且还吃得很香。那到底什么是口腔敏感期？家长又该怎样应对呢？

何谓口腔敏感期

对几个月大的小宝宝来说，触觉是他认识世界的主要手段，而嘴唇和手是触觉较为敏感的地方，所以宝宝会不停地将手伸进嘴里，通过吮吸来感知手的存在和手的抓握功能。当他的小手能抓握住东西时，还会将抓到的东西一并送进嘴里咬，这其中就包括自己的小脚丫。通过这一过程，健全宝宝的口腔功能，从而帮助他加快口腔敏感期的发展。

宝宝吃手的原因

口腔敏感期的到来，让宝宝喜欢用嘴来探索世界，也有细心的妈妈发现，相比其他放进嘴里的东西，宝宝尤其偏爱吃手，这是为什么呢?

吮吸反射是宝宝与生俱来的一种反射，吮吸对于他来说也是一种天生的需求。新生儿时期由于其大脑发育不成熟，还不能控制自己的小手，所以并不会有吃手的现象。等到宝宝长到3个月左右，开始出现手上的动作，吃手的现象也会随之产生。

如果妈妈的喂养方法不得当，或者宝宝采取人工喂养的方式，导致他的吮吸需求无法得到满足，他就会不自觉地吮吸手指。

此外，如果爸爸妈妈忙于工作，疏忽了与宝宝的交流，没人陪他玩耍，宝宝就会通过玩弄手指和吮吸手指来解闷。

家长应该如何应对

家长要采取哪些正确的做法来帮助宝宝顺利度过口腔敏感期呢?

◆做好清洁工作，将宝宝的手洗干净，不要阻止他用嘴去探索他想要认识的物品。

◆妈妈要注意喂养方法，如果是人工喂养，可以适当延长喂奶时间，以满足其吮吸需求。

◆如果宝宝是因为无聊而吃手，家长可以为其准备一些玩具，减少其吃手的行为。

什么都喜欢往嘴里塞
——要长牙了

宝宝喜欢吃自己的手或者脚，说明他可能正处于口腔敏感期，但他喜欢将能够拿到的任何东西都往嘴里塞，喜欢乱咬，这是不是就有些“过分”了呢?

当家长看见宝宝把东西塞进嘴里时，不要盲目制止或者批评他，因为这背后是有原因的。通常情况下这是宝宝要长牙的表现，等到牙齿长齐之后这种现象就会消失。

其实，早在胎儿时期，宝宝的牙齿发育和钙化就已经开始了，在胎儿期的第二个月，宝宝的乳牙牙坯开始发育。等到宝宝出生时，牙冠就已经基本发育完成，只是6个月内的宝宝都是吃奶的，牙齿并不能发挥作用，所以会躲在牙床里“休眠”，等到可以添加辅食的时候，才会“破床而出”。这时，宝宝的牙齿部位会出现又痒又痛的感觉，让人不舒服。为了避免这种“痛苦”，宝宝就会往嘴里塞东西，乱咬、乱啃，尤其是在6～8个月的时候，宝宝的这种表现更为明显。家长不用过于担心，这是宝宝长牙的症状。

温馨提示

每个宝宝的生长发育都是不一样的，因此出牙的早晚并没有严格的时间限制，只要不晚于10个月出牙，就不必过于担心。家长千万不要因为自家宝宝的成长发育“赶不上”别人家的宝宝就过于强求。

出牙的规律及顺序

虽然宝宝的出牙时间存在个体差异，但两岁以内宝宝的出牙数有个简单的计算公式：月龄 - 4或月龄 - 6，出牙的顺序也有一定的规律，原则上按照左右对称，由前往后的生长顺序，大部分是下颌早于上颌。通常宝宝先萌出的是下牙的门齿，即下中切牙，然后是上中切牙，随后门齿左右两旁会长出侧切牙，上下颚的第一臼齿和犬齿萌出时间差不多。

出牙期的日常护理

牙齿作为咀嚼食物的重要“工具”，关系着宝宝的营养吸收和生长发育。作为家长，要特别注意宝宝出牙期的口腔护理，具体做法可以参考以下内容。

做法1：首先，家长要理解宝宝因为出牙而出现乱咬东西、心情烦躁等表现；其次，要将一些玻璃制品，有锋利口或尖口的物品收起来，以免这些危险物品伤害到宝宝。

做法2：给出牙期的宝宝尝试吃一些硬度适中且富含钙、磷等营养素的小食品，对乳牙的萌生和发育有很大帮助，而且还能锻炼宝宝的咀嚼肌，对压弓、颌骨的发育起到促进作用。

做法3：此阶段的宝宝暂时不要刷牙，但每次进食之后要给宝宝喂白开水，以清洁食物残留；也可以将消毒棉或者纱布裹在手指上，给宝宝抹洗口腔和牙齿。

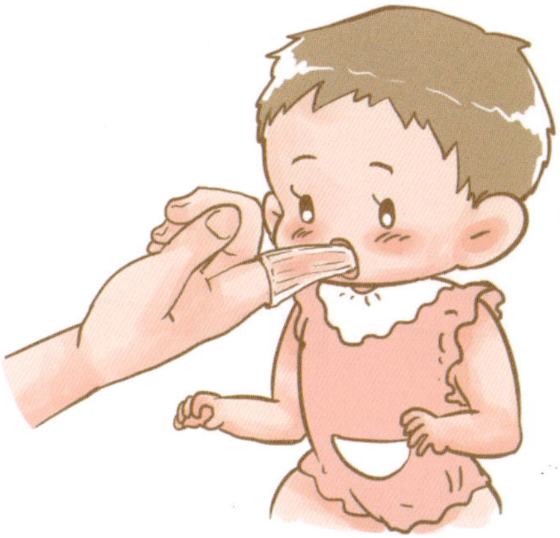

总是反复说一个词——语言敏感期

原本说话清楚的宝宝到了1岁多的时候，变得常常喜欢重复说一个词，这一变化让很多家长困惑不已，有些妈妈觉得是宝宝调皮，故意学“小啰唆”说话。其实，这是宝宝语言敏感期到来的表现。

宝宝从出生开始，就通过哭、笑以及简单的肢体动作来向成人传达自己的想法和内心感受，并且每天都认真聆听爸爸妈妈说话的内容，无形之中，他们就会吸收大量的语言信息。如果某天，宝宝突然发现一个词能够和一个物品配上对，比如他说“爸爸”，爸爸会回应他，这样的发现会让宝宝欣喜不已，所以他会开始有意识、无意识地重复这种行为，来享受语言带来的乐趣。

语言是人类的本能，只要是正常、健康的孩子都具有语言天赋，这种潜能是巨大的，并随着宝宝年龄的增长而不断发展。

宝宝月龄	语言特征
0 ~ 8 个月	处于前语言阶段，虽然不会说话，也不能完全理解成人的话，但会通过咿咿呀呀的“自我训练法”为日后的语言发展打好基础
9 ~ 12 个月	处于语言理解阶段，此时的宝宝可以理解成人常用的一些字、词、句的意义
13 ~ 18 个月	宝宝会用一些简单的词汇或者辅助手势、表情等来表达完整句子的意义，传达自己的意愿
19 ~ 24 个月	加深对周围环境事物的认识，词汇量迅速增加，还能用两个或者三个不相关联的简单词汇来代替表达完整句子的意思
25 ~ 36 个月	相比之前，宝宝的词汇量明显增多，会运用逻辑性强、含有主谓语句的简单句子

有关专家认为，宝宝的语言敏感期出现在 1 岁左右，此期间他对语言特别敏感，家长要密切观察其表现，抓住这个特殊时期并给予正确引导，能为宝宝以后的语言表达能力打下坚实的基础。当孩子的语言敏感期出现的时候，家长应该如何引导呢？

营造良好的语言环境

良好的语言环境能够帮助宝宝更轻松自如地掌握语言，所以家长要有意识地营造。例如，全家人一致说普通话，尽量使用规范语言，不要说类似“吃饭饭”“洗手手”“睡觉觉”等话语，以免造成宝宝日后口齿不清，说话结巴等。

适当对宝宝进行阅读训练

随着词汇量的增多，宝宝的口语会变得很丰富，接下来会进入学习书面语言的敏感期。此时，家长要适当地对宝宝进行阅读训练，可以利用识字积木、识字卡片或图画书等工具，不仅能帮助宝宝进行语言学习，还可以训练宝宝的思维，丰富他的想象力。

小手时不时地揪“小鸡鸡”——探索自己的身体

在生活中，我们有时会看到男孩玩弄阴茎，女孩摸外阴，对此父母常常会感到不安或者羞耻，但又不知道该怎样做。这是正常的现象吗？

宝宝在刚出生时只会吃、睡、拉，随着年龄的增长，他开始探索自己的身体，会用小手摸摸自己的眼睛、鼻子，当然还有自己的生殖器。因为生殖器比其他地方更敏感，所以他更喜欢玩弄，但不是像成人所认为的那样，这只是探索身体，甚至宝宝都没有意识到自己在触碰生殖器。

通常宝宝抚摸自己的生殖器开始于 1 岁左右，3 ~ 6 岁是其玩弄生殖器的高发时期。有些家长会为此表现出高度的焦虑，好像宝宝做了什么不光彩的事情，或者担心会影响他的身体，这些都是不必要的。因为此阶段的孩子不具备性观念，没有第二性征出现，体内性激素水平也没有变化，所以根本不可能通过玩弄生殖器达到性高潮，也就不会带来家长所担心的不良影响。

随着年龄的增长，孩子会逐渐形成道德感、羞耻心，再加上此阶段，其性发展进入潜伏期，性的能量通过学校课业和活动得到升华，所以我们可以

看到 3 ~ 6 岁的孩子玩弄生殖器时不回避外人，等长到 6 ~ 7 岁后就不再玩弄生殖器了。

孩子玩弄生殖器的行为，对其以后的成长和性反应的建立有着重要影响，所以家长要摆正态度，运用技巧正确引导，才能让孩子自然地了解性、接受性。

◆家长恐吓、责骂等做法容易造成孩子的焦虑和惊恐，让其形成怯懦、自卑的性格，还会促使孩子产生更强的好奇心而频繁玩弄。建议家长用转移注意力的方法来减少孩子玩弄生殖器的行为。

◆紧身衣裤尤其是内衣会使生殖器受到刺激而诱发孩子玩弄，所以家长要为孩子购买宽松舒适的衣服。

◆家长要注意培养孩子良好的私处卫生习惯，每晚临睡前要清洗外生殖器和肛门周围的皮肤，勤换内裤，以防滋生病菌。

◆有些孩子喜欢在睡前或者醒后玩弄生殖器，所以家长不要让孩子过早地睡觉，睡醒后要让他赶紧起床，不要赖在被子里玩耍。

◆不要让孩子因为无聊而玩弄生殖器，要注意培养其广泛的兴趣爱好，让他把精力投入到积极的活动中去，做自己感兴趣的事，自然就不会玩弄生殖器了。

温馨提示

有些病理情况也会诱发孩子玩弄生殖器，例如尿道炎、外阴炎或者蛲虫病等，孩子会因为不舒服而经常用手去摸。家长要检查孩子的生殖器是否有异常，必要时要带孩子去医院医治。

爱用手指去拣细小的东西
——细微事物敏感期

有那么一段时间，宝宝总是对茶几上的瓜子壳，米罐里的大米，磨豆浆的豆子很感兴趣，甚至垃圾桶里的小纸屑都要研究半天。宝宝居然会对这些小玩意感兴趣，这让很多家长感到困惑。

这是细微事物敏感期到来的征兆。此阶段宝宝会对细小的物体感兴趣，并容易发现物与物的差异性和特质，所以执迷于做一些感官上的探索和辨别。也有教育家认为，孩子会通过细微事物敏感期这一阶段来逐渐开启他们的智力，直到他们充分理解周围环境中的东西，这种行为才会暂停。宝宝在细微事物敏感期的主要表现是什么呢？

在细微事物敏感期内，宝宝会被那些在成人眼中觉得普通甚至毫无意义的小事物所吸引，例如小草、小花、小石子、小蚂蚁等。在家里，那些通常被扔进垃圾桶的小纸屑、头发丝、瓜子壳或者掉在地上的米粒，都会被宝宝当作宝贝一样仔细研究。在宝宝的眼中，这些东西都无比神奇而又充满乐趣。

家长不要小看宝宝的这一行为，因为他能从中发现事物的特性与差异，从而迷恋上对事物的探索和辨别。

家长了解宝宝细微事物敏感期的表现，并加以引导与鼓励，他就会获得优于他人的观察力和探索力。反之，如果家长压制宝宝探索细微事物的行为，那么他长大后往往会粗心，那家长具体应该怎样做呢？

1

和宝宝一起观察

家长可以带宝宝寻找蚂蚁洞，并陪他一起观察，同时还可以讲解一些关于蚂蚁的小知识。既让宝宝体会到观察的乐趣，又积累了知识。

2

别打扰宝宝的观察

当宝宝观察某种事物时，家长不要强行制止，完全可以给他一些时间让他自己研究，直到他自行离开，有助于培养其专注力。

3

带宝宝亲近自然

大自然千变万化，对于刚开始认识世界的宝宝来说是学习的好场所，家长可以多带他亲近自然，亲身体会并观察事物。

4

保管好宝宝的“研究对象”

宝宝之所以收集小玩意，其实是他心智发展的需要，家长不要随意丢弃，可以为宝宝找个小盒子，让他专门存放，以此来保护他的“研究对象”。

温馨提示

宝宝在观察和探索微小事物时，可能会做出一些危险的行为，例如误吞、缠住手指等，家长要提前告诉宝宝，并做好监督工作，以免发生意外。

爱照镜子的宝宝
——认识自己与他人

有很多细心的家长会发现一个有趣的现象：宝宝喜欢照镜子，看到镜子的时候会很激动，常常会对着镜子拍打、呵呵笑或者发出“咿咿呀呀”的声音，这是怎么回事儿呢？

其实，对宝宝来说，镜子不仅是有趣的玩具，还是帮助他们认识自己和他人的工具。

4个月左右，用镜子来确认自己

宝宝起初并不会留意镜子，直到4个月左右的时候，他才会对玩具上的小镜子或者妈妈手中的镜子感兴趣。此阶段宝宝看到镜子后会表现得很兴奋，例如注视着镜子里的形象，微笑并且发出“啊——

啊——”的声音。其实他并不知道镜子是怎么回事，也不知道镜子里面的人就是自己。经过反复地靠近、远离镜子或者舔舔镜子，才会确信：“原来这里看到的人是自己呀！”等他再长大一些，宝宝会在能照到自己全身的镜子面前，一边看着镜子里的自己，一边手舞足蹈，从而对自己的全身做进一步的确认。

10个月左右，认出镜子里的其他人

宝宝出生10个月后，开始能分辨出镜子里的其他人。例如，当妈妈出现在宝宝的身后，和他一起照镜子时，大部分时候他都会发出声音，并突然转过头来看妈妈。这是他在确认妈妈确实在自己后面的行为，之后就会冲着妈妈笑起来，或者做出开心的表情，因为宝宝知道镜子里也会有妈妈出现，并且也了解了自己与妈妈的位置关系。自此，亲子之间的沟通又多了一种新方式，那就是一起照镜子。

1岁左右，到镜子后面查看

1岁左右的宝宝已经学会了扶物站立，所以会出现这种情形：当他站在镜子前看到自己时，会突然绕到镜子后面去看看。这是因为，宝宝虽然知道镜子里面的人是自己，但他还是会觉得不可思议，当他看见镜子后面什么都没有的时候，肯定会大吃一惊。这种行为会激起宝宝的好奇心，同时也是靠自己去探索的一种意欲表现。慢慢地，宝宝会发现镜子的特性。等到他一岁半左右，如果他在镜子里发现自己脸上有小贴画之类的，他就会自己去揭。

温馨提示

镜子是易碎的玻璃制品，宝宝在玩镜子的时候家人一定要在旁边看护，如果镜子边缘太光滑，可以将其用胶布包上，建议使用危险性小的不锈钢材质的镜子；如果是可移动的全身镜，一定要加固，以免镜子倒下砸伤宝宝。

喜欢一张接一张地往外抽面巾纸——宝宝的好奇心

宝宝为什么喜欢一张接一张地往外面抽面巾纸？对手中的东西抓放自如，抓握、拿起、“啪”地松开。这个过程对宝宝来说就是一个非常快乐的游戏，而且白白的、软绵绵的面巾纸很容易勾起宝宝的兴趣。

但实际生活中，有很多家长会制止宝宝，这是不对的，因为“抽面巾纸”这一行为对他的身体发育很有好处。

1 锻炼手部

通过反复的抽纸行为，宝宝的手部肌肉和手指灵活性会得到很好地锻炼，抓起、放下的节奏也会越来越快，同时手和眼的协调性也会得到提高。

2 满足好奇心

不管是抽纸还是撕纸，都能满足宝宝的好奇心，而且纸巾形状的变化会激起他的想象力，这样一来，宝宝的想象力也会变得丰富。

3 对书籍感兴趣

当他看到书籍的纸张时会有种似曾相识的感觉，从而引起宝宝对书籍的兴趣，让他爱上读书。

玩具给多少要多少
——无意识的“贪心”

有很多家长会发现，对于玩具，宝宝总是很“贪心”，常常是有多少要多少，甚至就算家里已经有了一模一样的玩具，他还是会照单全收。

随着手部动作的发育，宝宝会抓取一些细小的东西或者把一只手里抓着的玩具递到另一只手里。当家长把玩具给他的时候，他要么把手里的玩具都扔下，再伸手接过新的玩具，要么把手里的玩具换到另一只手上，再伸手接新玩具。有趣的是，即便家长手中的玩具与他现在玩的是一模一样的，他也会这样做，这是为什么呢?

宝宝的这种行为并不是家长认为的“贪心”。如果宝宝很贪心，他会对手里的玩具很执着，不会轻易地扔掉。可事实上，如果家长拿着他扔下的东西，宝宝并不会生气。有时即便是小区里的阿姨或者陌生人给宝宝东西，他也会接受，宝宝好像觉得“只要是别人的东西，我都想要，因为别人的东西更好。”其实对宝宝来说，就算玩具没有多大区别，他们“以自我为中心”的心理特点还是决定了他们会把所能够看到的、拿到的都当成是自己的，只要他感兴趣，就会很自然地去要。

此外，宝宝出现此种行为还与其好奇心有关，就和他还是婴儿时，不管什么东西，放到嘴边他都会舔一舔一样。在好奇心的驱动下，宝宝会尝试把看到的所有东西都据为己有。

宝宝爱咬人——吸引注意力

每个宝宝都有一些奇怪甚至让人不能理解的行为，例如爱咬人，看着妈妈疼，宝宝却咯咯地笑。其实，只要妈妈认真分析，就能发现宝宝咬人并不是故意的，对此，妈妈要具体情况具体分析，正确阻止宝宝的这一行为。

原因	表现	应对方法
出牙期	牙龈又痛又痒，宝宝感觉到不舒服，咬人是他在寻找一种缓解疼痛的方式，而不是有目的性的行为	可以准备一个磨牙棒或者咬胶来缓解宝宝出牙带来的不适感
发泄情绪	内心需求得不到满足而感到不高兴时，就容易通过咬人这种攻击性行为来表达，是情绪发泄的一种	家长可以尝试用一些安静的游戏来安抚他的情绪，转移注意力，让他尽快忘记刚才的不适
吸引注意力	随着宝宝活动范围的扩大和活动能力的增强，其交往的需要也在快速发展起来，但由于宝宝还不能用言语来准确表达自己的情感和需要，所以咬人就成了宝宝想要引起同伴或者家长注意力的手段	家长要多一些陪伴，多和宝宝互动，例如做游戏、讲故事等。让他知道爸爸妈妈在关心他，同时帮助宝宝学习说话，用语言表达他的需求，从而减少咬人的行为
出于炫耀	宝宝成长的过程中会通过模仿与探索，不断掌握新的本领，咬人也是其中一项，当他想要把新技能炫耀给妈妈看时，可能就会突然咬上一口	家长可以通过眼神或者动作，明确地让宝宝知道，咬人会伤害到别人，这是不正确也不允许的行为

反复乱扔东西
——观察物体

宝宝喜欢扔东西，抓到什么就扔什么，而且他会故意把玩具推到地上，当你帮他捡起来后，他有时会愣愣地看一会儿，然后又把玩具扔下去，乐此不疲。

这种喜欢扔东西的行为，在宝宝的成长过程中是十分重要的。“咕噜、咕噜……扑通！”东西掉下去了，宝宝享受这一过程，并从中懂得了“东西掉下去，只是看不见了，但并不是消失了”这一道理。

东西只是看不见了，但它没有消失的道理，让宝宝感到很有意思，并希望反复确认。所以，如果妈妈没有帮他把玩具捡回来，他就会发出“哒、哒”之类的声音，告诉妈妈帮自己把玩具捡回来。

知道了宝宝这一行为背后的原因，家长就可以采取正确的方法来应对了，以下几点建议供爸爸妈妈参考。

◆给宝宝提供一些可以扔的安全物品，例如沙包、皮球等，让他尽情去体验。

◆鼓励宝宝自己把扔出去的玩具捡回来，并告诉宝宝在他结束游戏之后要把东西放回原处，养成收纳的好习惯。

◆如果宝宝是想通过乱扔东西的方式来吸引家长的注意，父母要自我反省，要多陪伴宝宝，给予他足够的关心和爱护。

喜欢走高低不平的地方——行走敏感期到来

学会走路，对宝宝来说是件值得高兴的事情，因为他能去探索更广阔的世界，但妈妈总担心他摔倒，尤其是当宝宝喜欢走高低不平的地方时。

很多家长会发现，平坦的大路宝宝不走，偏偏喜欢走高高低低的小路，还喜欢上下坡和上下楼梯，这是为什么呢？原来，宝宝正处于行走的敏感期，上下坡、爬楼梯是行走敏感期的重要组成部分，也是宝宝特别偏爱的走路行为。

处于行走敏感期的孩子总是喜欢不停地走，尤其是上下坡，即便摔跤了也会爬起来继续向前，甚至有时可以走好远的路。对此，很多家长都会感到不可思议，有的妈妈担心宝宝摔跤或者太累，总是会违背宝宝的意愿而抱着他走。其实，此阶段宝宝的行走与成人的走完全不同，我们是为了达到某个地方而走路，宝宝是为了建立自己的存在而走。

著名教育家蒙台梭利曾说过："走的敏感期是宝宝的第二次诞生。"宝宝从出生到现阶段，会经历抬头、坐起、爬的全部过程，当他开始尝试着迈出自己的小脚，蹒跚学步的时候，就标志着他开始走向独立了。当宝宝离开爸爸妈妈温暖的怀抱，并且不再需要搀扶就能独自行走时，他的世界会迎来全新的变化，他的双脚可以自由带动自己去到任何想去的地方，这是一件充满成就感又妙不可言的事情。

上下坡、爬楼梯是锻炼宝宝行走能力的好方式，因为宝宝能通过反复走这些高低不平的地方，来感知腿脚功能并把握空间，让自己的腿脚在任何空间里都能自由运用，从而增强腿脚功能。所以，不管宝宝是上下坡、爬楼梯还是喜欢走高低不平的小路，对他来说这些都是能够让自己感到快乐的活动，妈妈不用担心他会摔倒，更不要上前阻止，而是要鼓励宝宝按照自己的步伐和节奏去探索，让他通过自己的努力获得成长的机会，这样才能真正地学会走路。

在行走敏感期锻炼宝宝的行走能力是很有必要的，家长可以通过游戏的方式，和孩子一起在玩耍中成长。

上下坡游戏

游戏目标：锻炼宝宝的行走能力，加大其胆量。

具体方法：

1. 选择一处有草地且适合宝宝上下坡的缓坡。

2. 妈妈先上坡，上去后站在顶端呼唤宝宝，鼓励他自己走上来。

3. 当宝宝尝试上坡时，妈妈可以伸出双手做拥抱的姿势。

4. 如果宝宝不小心摔倒了，妈妈要鼓励他抓住草，继续向上爬。

5. 当宝宝成功爬到顶端时，会获得强烈的成就感，妈妈也要奖励他一个拥抱。

6. 用同样的方法，让宝宝自己下坡。

喜欢模仿各种各样的动作——模仿敏感期

妈妈刷牙，宝宝也刷牙；妈妈扫地，宝宝也要扫地；妈妈吃东西，宝宝的嘴也会下意识地做出咀嚼的动作……总之家里人做什么，宝宝也要做什么。很多家长认为这是宝宝调皮爱玩的表现，事实上是宝宝模仿敏感期来了。

在 2 岁左右的孩子身上，常常会出现“模仿”这个词，他们喜欢一遍又一遍地模仿爸爸妈妈、身边的小朋友甚至是陌生人的行为举止。对于此种行为，家长往往不会考虑为什么，认为孩子是在调皮，更不会意识到“模仿”是宝宝成长过程中很重要的智力发展行为。

宝宝在不同的年龄阶段，所表现出来的模仿行为也不同，通常分为以下几个阶段。

0 ~ 2 岁，简单模仿

有研究表明，宝宝出生 4 个月后就具备模仿能力，他们会有意识或无意识地模仿成人的动作、表情和声音，逐渐地学会模仿一些小动作，例如摆手说“再见”，给爸爸妈妈献飞吻，学小动物叫等，虽然此阶段的模仿具有即时性，也容易忘记，但这也是宝宝认知成长的一部分，家长要利用其好模仿的特点，有意识地进行教育，教他发音、说话、认识事物等。

3 ~ 4 岁，行为模仿

此阶段的孩子，因为语言得到了一定发展，且肢体动作也比较熟练，再加上好奇心的推动，所以模仿能力较强。家长可以为孩子提供一些游戏或者创设一些情境，让其在模仿中促进智能和体能的发展。此外，孩子此阶段的模仿，跟未来的行为习惯有直接的联系。所以建议家长从孩子的习惯培养的角度出发，加以引导，比如让他模仿父母刷牙、喝水等。

4 ~ 5 岁，品格模仿

当孩子长到四五岁后，对家长行为和品格方面的模仿日趋成熟，同伴间的模仿也开始发生。此阶段的孩子更像是一个热情的观察者，他们特别容易被成人的行为所吸引，进而模仿他们。也正是如此，成人就要更多地规范自己的行为和品格，让孩子有一个模仿榜样，如果父母不守信用或者待人冷漠，孩子也会成为一个不守信用且没什么朋友的人。

模仿敏感期是每个孩子成长过程中的必经阶段，在此期间家长不仅要规范自己的言行，还要尽量放慢自己的动作，让孩子尽情地模仿，满足其模仿需要，这样才能帮助他平稳健康地度过这一时期。

随着宝宝一天天长大，他开始有了情绪上的反应，不高兴了会哭，开心了会笑，不满意了会大喊大叫等。这些情绪变化不仅能传达宝宝的心情，还能帮助爸爸妈妈及时发现宝宝的异常状况。

Chapter 4

读懂宝宝的性格与情绪变化

玩具被拿走就会“哇哇”大哭——愤怒情绪显现

如果宝宝正在玩玩具，妈妈说“我们不玩了”并把玩具拿走，宝宝会“哇”地大哭起来，而且往往玩得越认真的宝宝，此时会哭得越大声。

其实这是宝宝愤怒情绪的表现。情绪并不是随意产生的，在宝宝运动能力发育的同时，他的世界也随之加倍扩展，好玩的游戏增加，同时好奇心也逐渐高涨，和妈妈的交流越来越多，宝宝喜怒哀乐等各种情绪就会相继出现。

◆宝宝出生后，很快地就会感觉到“快乐”和“不快乐”的情绪。并且，对某样东西是否感兴趣，也是宝宝出生后不久就存在的情感。

◆出生 2 ~ 3 个月，宝宝能够认知对方的脸，在与亲密的人交流的过程中，能感到“快乐”和“悲伤”。

◆如果吃到不好吃的东西会吐出来，说明宝宝有“厌恶”的情绪。

◆大约 9 个月左右，宝宝的情绪逐渐变得丰富起来，如果有人做了让他不高兴的事情，宝宝就会表现出“愤怒”；再晚一点“恐惧”也会出现，这跟认生有关；遇到意想不到的事情，宝宝会吓一跳，也就是所谓的“吃惊”的情绪。

◆到了 1 岁左右，宝宝会用情绪来维系和周围人的关系，例如冲人笑、撒娇哭等。

宝宝因为被抢走玩具而愤怒，是众多情绪中的一种。宝宝愤怒的反应，往往由剧烈到缓和，由直接到间接，并随着年龄的增长而变化。宝宝婴儿时期的愤怒，常常是不发则已，一发则来势汹汹，难以抑制，例如两手摇动，两脚乱踢，满脸涨红，大声哭叫。也有些宝宝会因为自己的需要没被满足而将愤怒情绪转变为哭声，在他们还不会说话的这段时间里，宝宝基本上都是靠哭声来告诉爸爸妈妈自己的不满或者烦恼的。

如果宝宝总是处于生气、愤怒等不良的情绪中，自然对成长发育不利，那家长怎样做才能引导宝宝产生良好的情绪呢？

安抚宝宝

家长要多抱一抱宝宝，让宝宝通过与自己肌肤的接触知道他是被疼爱的，爸爸妈妈的怀抱越温暖、亲密，宝宝的情绪就越稳定，所以家长们千万别忽视。

理解宝宝哭声的含义

如果家长不关心宝宝的哭，他会感到很无助，时间一长就会变得悲观消极，并且不再为达到某一目的而想方设法去表达自己的想法。这会影响到宝宝语言的发展，所以父母要多关心宝宝的哭声，努力去理解宝宝哭的含义。

给予宝宝安全感

为了给予宝宝充足的安全感，妈妈可以在宝宝入睡前，适时地拍拍、哄哄、抱抱他，或者唱一首摇篮曲，让宝宝安然入睡。

听到别的宝宝哭，就会跟着哭——“跟风哭”

不知道家长有没有发现，有时候宝宝身边只要遇到哭的人，他的情绪马上也会受到影响跟着哭起来，要妈妈好一顿哄才能止住哭声。

在新生儿室里，有很多宝宝都集中在那里，他们有时会一起哭，难道这么小的宝宝就能像成人一样，在某个悲伤的环境里，受周围人哭的影响而“跟风哭”吗？

有这样一项实验，让宝宝听一下多个宝宝在啼哭的录音，本来没什么反应的宝宝，当听到别的宝宝的哭声后，也会跟着哭起来。由此分析，宝宝开始能够听出来自己的哭声与其他宝宝的哭声不一样，当他听到另一名婴儿哭时，会受到感染，引发出伤心的情绪，并跟随着其他宝宝的哭声一起哭起来。由此也就不难解释，在妇产医院或者保健中心等婴儿集中的地方，有时会出现“哭声大合唱”这一现象。所谓“跟风哭”，其实就是宝宝对啼哭这种行为有了共鸣能力的标志，说明宝宝已经具备了共鸣能力。这种原始的情感表现形式，从婴儿时期就存在。

共鸣能力较差的孩子不懂得为别人考虑，会轻易地伤害到别人，会容易与他人产生隔阂，所以，当家长发现宝宝有共鸣能力基础之后，要有意识地培养他的共鸣能力。

父母应该让孩子忠实于自己的感情，同时还要引导和教育孩子，站在别人的立场考虑问题。例如，孩子抓伤了别的小朋友，妈妈可以问他："要是 XX 打你，你会觉得怎么样？"或者"如果你是 XX，会有什么感觉……"给孩子一定的思考空间，通过引导让孩子学会站在别人的立场去考虑一下对方的感受，并将换位思考培养成一种习惯，从而增强他的共鸣能力。

此外，宝宝听到别人哭自己也跟着哭起来，也有同情心作用的结果，宝宝的同情心大约在 3 个月时就已经产生，当他听到别的宝宝的哭声时，他会感觉到不安。例如，当他看到别的宝宝摔倒后哭，自己也会跟着哭起来，有时还会因为同情而钻进妈妈的怀抱，寻求安慰，就好像自己摔倒了一样。当宝宝遇到这种情况时，妈妈适度安抚他就可以了。

前一刻哇哇大哭，下一刻咯咯欢笑——情绪的两面性

婴幼儿的情绪变化特别快，刚才还在号啕大哭，不一会儿就咯咯直笑，甚至有时宝宝的脸上还挂着泪珠，眼睛却笑弯了。对于这种变化，很多家长都表示不解，这是为什么呢？

宝宝在 4 个月左右时，会迎来发育的一个转折点，在此之前的 2 ~ 4 个月是逐渐发生变化的阶段。细心的家长会发现，这个时期的宝宝如果正在哭，妈妈拿玩具逗逗他或者跟他说说话，他的哭声就会停止。这表明，在情绪方面，宝宝已经学会了转换。与此同时，也有观点认为，此时期是宝宝开始具有两面性的时候，也就是宝宝开始区分哭与笑、左与右等完全相反的事情的时候，他之所以一会儿哭一会儿笑，是因为他正在学习区分情绪的两面性。

此外，美国科学家认为，婴儿情绪变化快与其大脑控制有关。6 个月以前的宝宝由于大脑前额叶没有发育完全，很多情绪由杏仁核来管理，但杏仁核没有丰富的判断力，所以宝宝的情绪才会像“六月的天，说变就变”。等到其前额皮质中的神经细胞发育完全后，也就是宝宝 7 个月后，他才能感受到情绪，并对情绪的控制收放自如。

温馨提示

在宝宝能够控制自己的情绪之前，家长不要过度解读宝宝的情绪。我们很难说一个婴儿是快乐的还是不快乐的，只能说他对周边的环境是满意的还是不满意的。

一不如意就哭闹——宝宝的小脾气

很多妈妈都感叹，自从有了宝宝，自己之前的那些脾气全是小儿科。宝宝总是一不如意就哭闹，面对他的各种小脾气，妈妈们很是头疼。

如果每个宝宝心里都有一张秘密地图，那发脾气就是通往那里的钥匙，但很多家长只能看到宝宝发脾气，却不能看见那把钥匙。其实，家长只有通过发脾气的表象，找到真正的原因，才能对症安抚宝宝。

1

挫败感

很多宝宝因为不能表述自己的需求而发脾气，这是他感受到了挫败感。此时家长不要擅自帮忙，他能做到的越多，脾气就会越小。

2

迁怒于人

就像成人因为工作、生活中的烦心事迁怒别人一样，宝宝也会因为自己的小情绪而向爸爸妈妈发火。这时家长应细心观察宝宝，及时察觉宝宝的“烦恼”，并帮助宝宝解决。

3

需求不被满足

当宝宝的需求没被满足而发脾气时，其实是他在努力争取自己喜欢的东西，动机并没错，只是方法有所欠缺。

4

缺乏关注

缺乏关注的宝宝没有归属感，为了引起关注，他会尝试各种行为或者方法，其中就包括发脾气在内，所以家长要多陪伴孩子。

了解了这些就会明白，其实宝宝发脾气的本质是想让自己逃离一些不舒服的感觉，比如无助、孤独、委屈、焦虑等，家长要保持冷静和足够的耐心，想一想“宝宝真正想告诉我的是什么”，并用正确的做法来满足宝宝“小脾气”背后的“大需求”。

当宝宝发脾气时，家长首先要做的是要保持冷静，用平和的情绪去面对，斥责甚至打骂会让宝宝哭闹得更厉害，而且还会让其产生恐惧心理，是不可取的。

宝宝的脾气秉性会受到父母的影响，如果不想让孩子凡事都用发脾气这种方式来解决问题，家长在日常生活中就应该给予他良好的情绪示范。

如果宝宝发脾气是为了争取某种满足，家长则要合理满足，但也不能宝宝一哭闹，家长就百依百顺，对于不能或不该满足的需求，还是要毫不妥协。

家长要鼓励孩子多用语言表达自己的感受和需求，要让他明白一味地哭闹并不能解决问题。同时还可以循序渐进地培养孩子对情绪的控制力。

大哭大闹——“威胁”爸爸妈妈或寻求帮助

很多时候，宝宝只要想要什么东西，就必须满足他，否则他就会用大哭大闹的方式来“威胁”，很多家长对此感到烦恼，却又束手无策。

宝宝从一出生就学会了啼哭，并通过这种方式来表达自己的需求，寻求爸爸妈妈的帮助。大概在9个月之后，宝宝就有了一定的判断能力和思维能力，在对某件事情不满时，还会用大哭大闹来“威胁”爸爸妈妈，因为他们知道，只要自己号啕大哭，爸爸妈妈就一定会满足自己的一切要求，甚至有时还会意外获得一颗糖果或者一个玩具。

长此以往，宝宝就会形成惯性思维，哭闹也渐渐地成为一种习惯，而且很多家长并没有想到，小小年纪的宝宝会利用妈妈怕他哭的这种心理，把哭闹当作满足自己的“法宝”，而且不达目的绝不罢休，结果往往只能被宝宝“牵着鼻子走”。

但这也并非全是坏事。事实上，大部分生长在和睦家庭里的宝宝都或多或少有这样的问题，很多家长认为这是宝宝被惯坏了，其实不然，宝宝的这一行为虽然会让家长觉得头疼，但他长大之后往往会具有丰富的爱心和同情心。宝宝大哭大闹往往是出于对家长的不满，借此来发泄自己的愤怒，同时也是对爸爸妈妈做出的“警告”。虽然愤怒是种负面情绪，但通过哭闹将其内心的压抑感和不良情绪发泄出来，具有减压的效果，而且宝宝在表达愤怒时，会激发自我肯定和自信心，有利于宝宝健全人格的培养和发展。

可以说，宝宝大哭大闹的原因并不是单一的，如果家长能及时读懂宝宝哭闹背后所隐藏的原因，并找到正确的教育方法，之前的烦恼会一扫而光。

◆宝宝哭闹时，家长要判断他是不是因为哪里不舒服而哭，还是正常需求没被满足而哭，只要家长找到具体原因并满足他，宝宝就会停止哭闹。

◆如果宝宝只是为了吸引自己的注意而无缘无故地哭闹，妈妈可以暂时对其进行冷处理，不要哄他，可以坐在他身边，用手轻拍他的背部，让他知道妈妈就在身边。

◆当宝宝提出不合理请求时，家长可以让他自己哭一会儿，要让他知道，自己不会因为他哭闹就妥协或者来满足他的不合理需求。

◆如果宝宝做错了事，害怕被责备而放声大哭，此时家长最好不要责备他，等其情绪平复下来之后，再轻声地告诉他错在哪。

温馨提示

家长不要在宝宝大哭时将他紧紧抱在怀里，这样会让宝宝全身的肌肉收缩，影响呼吸频率。

见到陌生物品眯起眼睛、张大嘴巴——表达恐惧

宝宝的恐惧感从出生就有，他从妈妈的肚子里来到这个完全陌生的世界，内心极其恐惧，而且会通过哭闹的方式发泄。随着宝宝渐渐长大，除了哭闹之外，他还会通过各种表情来提醒爸爸妈妈他正经受着恐惧。

妈妈给11个多月的青青新买了一个玩具“摇摆鹅”，把它启动后放在地上，它会一边播放音乐，一边扭动身子向前进。青青第一次看到“摇摆鹅”朝自己走来时，原本坐在垫子上玩玩具的他全身绷紧，微微皱起鼻子、眯起眼睛，紧张地看着“摇摆鹅”朝自己靠近，嘴巴也慢慢张大，最后“哇”的一声哭了出来。

事例中的青青就是在用表情提醒妈妈他害怕了。5个多月的宝宝在见到陌生人时，会感到警惕，一动不动地盯着陌生人的脸看，这种“认生”就是宝宝恐惧感一定程度的体现。直到1岁左右，宝宝都不喜欢陌生的人或东西靠近自己，他会用表情明确地表明自己感到恐惧了，比如微微皱起鼻子，眯着眼睛，张大嘴巴露出胆怯、惊恐的表情。这时如果妈妈在旁边安抚他、鼓励他，他就会鼓起勇气去尝试令他恐惧的事物，从而感到新鲜和刺激，并从中获得小小的满足感。

因此，当宝宝面对陌生的环境或东西的时候，妈妈要多注意观察宝宝，一旦发现他露出胆怯的表情，就用轻声细语安抚他，让他感到安心，并鼓励宝宝尝试一些适度的恐惧，增加他的满足感。如果宝宝坚持不肯尝试，妈妈也不要强迫，否则容易增加他的不安。

一边恶作剧一边看妈妈的反应——开始读懂他人的情绪

把收纳在盒子里的玩具倒出来，在墙上乱画……随着宝宝的成长，他越来越喜欢恶作剧了，而且不知道为什么，他有时还会一边恶作剧一边看妈妈的反应。

“妈妈会生气吗？”“会不会吓一跳？”宝宝一边恶作剧一边看向妈妈，这是在试探妈妈承受的底线。有时，为了引起妈妈的注意，他甚至会故意在妈妈能够看见的地方“搞事情”，当妈妈注意到自己，并且发出一些“呀，怎么搞成这样子！”“小宝，快住手！”时，宝宝会变得很开心。

通过长时间地跟宝宝接触，细心的家长会发现他有着各种丰富的情绪，例如：

- 当他遇到不喜欢的食物时，会露出厌恶的表情。
- 尝到甜味时，会有愉快的表情。
- 得到一件新玩具时，会很开心。
- 妈妈没有及时回应自己时，就会哭闹。

随着年龄的增长，婴儿的大脑和认知能力开始逐渐发展和提升，他们开始能够理解他人面部表情和声音高低所传递出来的某种情绪含义，开始恶作剧这件事就是很好的证明。通过恶作剧，宝宝能够判断，照顾自己的妈妈或者爸爸，是否喜欢看到自己，是否喜欢和自己互动，并且能够快速地从熟悉的看护者脸上，捕捉到悲伤或愤怒的情绪。

而且，宝宝大概从 5 个月起，就能够区分看护者发出的声音是快乐还是悲伤。比如，当妈妈生气大声吼叫时，婴儿就会表现出忧虑和不安，不停地哭闹。因此，家长不要认为孩子这么小，根本不懂自己在生气，其实对宝宝发火会给他带来无形的伤害。

◆家长经常对宝宝发火，会导致他的心跳加速，体内压力激素上升，进而造成婴儿的脑细胞活跃度下降，影响大脑发育。

◆宝宝的内心无法承受成人世界的消极情绪，当家长对其发火时，宝宝会丧失安全感，并且难以和成人及外部环境建立良好的信任。

◆如果家长经常对宝宝发脾气，宝宝就会效仿这种负面示范，自己处理问题时也会采用这种方式。

◆家长的训斥、责备等情绪“垃圾”会造成宝宝内心的“创伤”，他很可能因此而变得自卑、孤僻或者叛逆。

所以，对于正处于成长中的宝宝，家长不要轻易地向他发脾气，即便他在恶作剧、说谎或者乱开玩笑，这是孩子情感日趋丰富的表现，不能轻易给他贴上“干坏事”的标签，相反，家长要更豁达地对待，从而帮助宝宝顺利度过这一特殊的成长阶段。

跟妈妈面对面玩，就会特别开心
——学会与人沟通

有很多细心的妈妈会发现，宝宝到了 1 岁左右，会逐渐喜欢那些与人面对面交流、玩耍的活动。

只要是与宝宝面对面，各种游戏活动他都会表现出很喜欢、很高兴的样子，例如：

◆像“你拍一，我拍一”这种类似的拍手歌，宝宝会一边发出声音一边开心地模仿。如果妈妈咯吱咯吱挠痒痒，逗逗他，宝宝就会手舞足蹈“咯咯”地笑起来。

◆有时，宝宝喜欢和妈妈相互触摸对方的身体，例如给妈妈一个拥抱或者亲昵地依偎在妈妈的怀抱中，享受肌肤相亲的快乐。

◆类似“给我吧”“好，给你”之类的语言互动游戏，宝宝怎么玩都玩不够，同时也对他学习语言大有帮助。

◆除了这些语言、行为互动的游戏外，还有一种游戏是妈妈先做，宝宝再做。这种有先后次序的“交替游戏”，宝宝也很喜欢。

相比较之前宝宝一个人探索世界，现在的他更想要把自己的兴趣、发现的快乐与自己以外的人共享，这是宝宝在尝试着与人沟通，进行亲情同感共鸣的表现。对于宝宝的这种行为，家长应该如何做呢？

◆当家长在与宝宝进行交流时，要看着宝宝，让他感受到来自爸爸妈妈的关爱，也可以叫叫宝宝的名字，起初他可能并不会把自己和名字联系起来，久而久之他会意识到这个联系了。

◆宝宝比较喜欢能让他们联想到活动动作的词，例如边说“猫咪拜拜”边挥手告别，家长要尽量活泼或者夸张一点，这样更容易让宝宝做出回应。

◆家长要留心观察宝宝发出的想要参与的信号，并尊重其意愿。例如笑、眼神接触或者伸手动作等，说明他想要加入或者继续；同时也要注意停止的信号，像两眼无神、转过头去，家长就可以换一个话题或者游戏。

◆家长在跟宝宝交流时，要注意给宝宝留出说话的机会，即便他只是咿咿呀呀或者还表达不清完整的意思，爸爸妈妈也要积极地鼓励他慢慢表达。如果只是自己一个人不停地说，宝宝很可能感到厌烦，还会打消他的表达欲望。

◆在交流、游戏的过程中如果宝宝有所回应，例如兴奋地扭动身体或者发出可爱的咿呀声，家长可以模仿他的声音，给他回应，这是在鼓励宝宝继续表达自己的观点。

总是抱住妈妈不放手——表达爱意

有很多事情要去忙，但宝宝就是抱着自己不放，此时绝大多数妈妈都会感到有些恼人，甚至觉得宝宝太过黏人。

其实，这是宝宝在向妈妈表达自己的爱意，并渴望妈妈能多关注自己。很多妈妈可能不知道，当宝宝还在自己肚子里的时候，就已经习惯了妈妈的心跳声和血液流动的声音，所以当宝宝出生后哇哇大哭时，只要妈妈把他抱在自己胸前，他会停止哭泣逐渐安静下来，因为妈妈熟悉的心跳声会带给宝宝安全感。随着年龄的增长，宝宝会逐渐通过不同的方式表现出对妈妈的情感需求，比如：

◆三四个月时，宝宝会冲着妈妈笑，并且希望妈妈也对着自己笑。

◆五六个月时，宝宝希望一睁眼就看到妈妈的笑脸，看到妈妈充满母爱的温柔的眼神，听到妈妈的声音。

◆七八个月时，宝宝一见到妈妈就张开双臂希望妈妈抱抱。

◆ 1 岁多时，宝宝一方面很黏妈妈，一方面又想独自玩耍，同时又希望妈妈在自己能够找到的地方注视着自己……

1 岁左右的宝宝不仅有了主动与妈妈“交流”的意识和能力，而且还处于人际关系的萌芽阶段，依赖性也比较强，爱与亲密对他来说尤为重要，其中拥抱就是表达爱意的有效方式。所以，这个时候的宝宝很喜欢拥抱爸爸妈妈，尤其是妈妈，同时也希望被妈妈抱，以此来感受到彼此的存在和爱。这样宝宝在以后的成长过程中，才会更加积极地表达自己的感受。

当宝宝抱着妈妈不放时，妈妈一定不要强行将宝宝拉开，因为这样会让宝宝失去安全感和信任感，他也会哭闹得更严重。妈妈应抱住宝宝，并柔声安抚他。当自己有事确实要离开时，一定不要偷偷离开，而是尝试着向孩子诉说自己要去忙的事情，让他知道妈妈并没有丢下他，只是有些事情要做，并且在离开之前给宝宝一个坚定且温柔的拥抱，这样他才会安心地等着妈妈回来。

除了拥抱，在日常生活中家长还可以通过以下方式来表达自己与孩子之间的爱意：

◆与宝宝多进行目光交流，满含温柔的眼神会让孩子获得安全感，同时宝宝也会对家长做出真诚的回应。

◆多与宝宝谈话，即便宝宝还不会说话，但他能感知到家长的言语，了解爸爸妈妈对自己的爱。

◆抚触是爱的一种交流方式，妈妈要多与宝宝肌肤相亲，让他满足对自己的依恋，同时还能增进母子感情。

宝宝“闹觉”——潜藏的个性因素

有很多妈妈觉得在宝宝日常的喂养、护理等方面都还算得心应手，唯独宝宝的睡眠问题成了“老大难”。宝宝睡觉前总是又哭又闹，很“磨人”，妈妈抱着他时，哄哄、拍拍、摇摇他能慢慢睡着，但只要一放下他，他就会马上醒来，然后又是一阵哭闹，这就是我们俗称的“闹觉”。

“闹觉”与宝宝的个性有关

婴儿时期的宝宝普遍存在“不明原因”的哭闹，比较“极端”的宝宝在睡眠方面会表现得更明显。与正常的宝宝相比，他们在睡眠上大多会呈现以下特点：入睡困难，哄睡时会以哭闹表示反抗，每次睡眠时间短，夜间醒来次数多，睡眠不规律等。

照顾“闹觉”的宝宝让妈妈一方面心力交瘁，感到心情沮丧、焦虑；一方面又责怪自己“无能”，照顾不好宝宝，特别是与别的妈妈

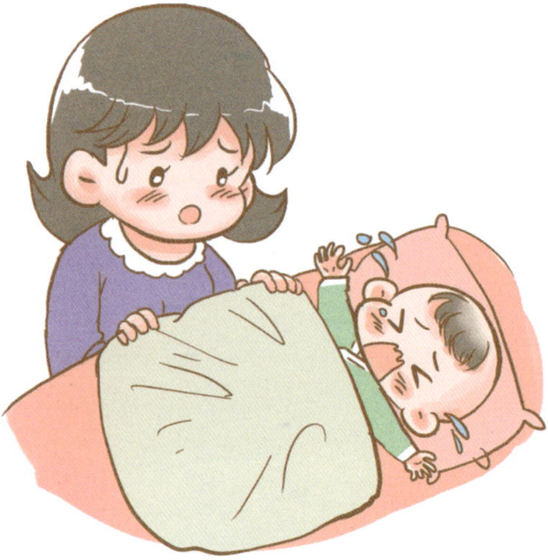

交流时得知她们都有一个“睡得很好的乖宝宝”，更是加深了自己的挫败感。

其实妈妈大可不必自责自己的“不称职”，有的宝宝“闹觉”确实是因为生理、疾病方面的原因所致，但也有很多宝宝是他自己的个性使然。每个宝宝与生俱来的性情都会影响他的睡眠方式，有的宝宝生来就有“极度缠人”的特质，他比较敏感、紧张，渴望身体接触，喜欢一直被抱着，还会把白天的情绪带到夜里，体现在睡眠上就是“闹觉”。

帮助宝宝尽可能安睡

爸爸妈妈不要把“闹觉”的宝宝当作问题宝宝，要把他看成一个有个性的、要求比较高的宝宝，付出比一般宝宝更多的耐心和精力来帮助他尽可能安睡。

◆注意捕捉宝宝的犯困信号，如宝宝出现眼神发直、反应变慢、打哈欠、揉眼睛等表现时，及时哄睡，可以帮助宝宝尽快入睡。

◆不要让宝宝过度疲劳，当他有点困意时就哄睡。玩得太累，宝宝神经系统就会始终处于兴奋状态，于是就会变得烦躁、开始吵闹，导致更难入睡。

◆白天应该尽量多和宝宝亲密接触，让宝宝感受足够的关爱；夜晚陪宝宝上床入睡，并适时安抚他，把白天的亲密感延续到夜间，让他感到安心。

◆抱着哄睡的宝宝在被放下时可能会哭闹反抗，妈妈可以先试着用语言安抚或者轻拍，如果宝宝还是哭闹不止，就把他抱起来安抚，等他平静了再放下，如果宝宝再哭就重复这个过程。

以上是为爸爸妈妈提供的一些参考建议，在“极度缠人”宝宝“闹觉”的问题上，尽管爸爸妈妈的照看方式可能无法起到根本性的作用，但对于帮助宝宝尽可能安睡还是有一定作用的。

温馨提示

有的家长认为宝宝“闹觉”时就应该让他哭，不能让他认为自己一哭就有人哄。其实这样是不好的，婴儿时期的宝宝本就需要爸爸妈妈的陪伴来建立安全感，满足宝宝的这种需求并非“溺爱”，爸爸妈妈不要因此而有心理负担。

妈妈不专心，宝宝会“生气”——“吃醋”的表现

大人总以为小婴儿什么都不懂，只知道吃喝拉撒睡，过得无忧无虑，其实他也有自己的“烦恼”，“吃醋”就是其中一种。

琳琳4个月大了，这天妈妈正给她做婴儿体操逗她开心，隔壁邻居来串门了。妈妈把琳琳放到小床上让她躺好，一边用手轻拍着她，一边跟邻居聊天，而且不时发出笑声。慢慢地，原本安静躺着的琳琳开始不停地扭动身子、蹬腿、摆手，嘴里还发出“嗯、嗯”的声音。妈妈以为琳琳是拉了粑粑不舒服，但是换下纸尿裤一看并不是，还没等妈妈搞清楚琳琳表现异常的原因，她就开始放声哭了起来……

事例中的琳琳就是在“吃醋”，原本正专心哄她的妈妈把注意力转向了陌生人，这让琳琳感觉陌生人“威胁”到了自己与妈妈的关系，于是用肢体语言和叫声表达不满。

其实宝宝“吃醋”是一种嫉妒心理。事实上，据有关研究显示，宝宝在3个月大时就可能出现这种心理了，典型的表现之一就是当看到妈妈“忽视”自己亲近别人时，会用蹬腿、撇嘴、哭泣等来表达自己的“生气”，即使是妈妈和爸爸表现出亲密的行为，有时也会让宝宝有危机感，甚至哭闹起来。

有的爸爸妈妈觉得宝宝这样的表现很有趣，有时还会故意刺激宝宝以欣赏他“吃醋”的萌态。但嫉妒是一种消极的情感，如果宝宝的嫉妒情绪太强烈，就会影响其心理的健康发展。在宝宝因为“吃醋”而难受的时候，妈妈应该及时安慰他，让他感到安全、踏实，这才是正确的做法。

妈妈说“不行”，就会停止动作
——理解简单的语言

当宝宝学会爬行后，在欲望和好奇心的驱使下，他开始了自己的探索行动。对于周围的环境和新奇的东西，他总要去摸一摸、动一动，这会让妈妈时刻处于紧张状态。当看到宝宝爬过去拉扯插线板，将手伸向放在桌上的碗，或是把地上捡到的东西放进嘴里时，妈妈就会忍不住大喊：“不行！”

听到妈妈说“不行”，宝宝会马上停止动作，困惑地看向妈妈。这并不是因为他被妈妈突然的大喊吓到了，而是因为宝宝从“不行”这个词语以及妈妈的语气中，判断出了“我不能这么做”。宝宝理解语言的能力，通常比他学会用语言表达的能力要早。这个时候虽然宝宝还不会说话，但他已经可以逐渐理解大人所说的简单的话了。

虽然宝宝理解了“不行”意味着“停止”，但他还不明白为什么自己的行为会受到制止，所以脸上会浮现困惑的表情，同时内心还会有“我想摸一下”的想法。当他仍然试图伸手时，妈妈可以轻轻地抓住他的手，看着他的眼睛告诉他：“不行，不要碰，会伤到宝宝。”妈妈不要用粗暴、惩罚性的方式制止他，因为宝宝已经可以理解简单的话语，他不遵从妈妈的意思是因为他还有探索的欲望，并且不知道继续这样的行为会给自己带来麻烦，妈妈可以把他的注意力转移到另外一个对他来说同样新鲜、有趣的事物上去。

盯着大人看，露出“讨好”的表情——需要夸奖

有心理学家指出，好孩子都是“夸”出来的，可见，在宝宝的成长过程中，夸奖是门必不可少的教育艺术。

有意“讨好”是希望得到夸奖

将近1岁左右时，宝宝已经具有了一定的表现欲，他喜欢让全家人都注意他，得到家人的夸奖。在他做出一些自认为“了不起”的事（比如学会握手、挥手再见）之后，他会盯着大人看，露出一副很期待的“讨好”的表情，似乎在说：“我做得很好，你该夸奖我了。”如果大人没有领会到宝宝的意思，宝宝就可能变得情绪低落或异常急躁，直到得到大人的夸奖才能停止。

夸奖促进宝宝成长

著名儿童教育心理学家陈鹤琴认为，孩子都有一个共同的心理特征，那就是喜欢称赞、鼓励、赞许，不喜欢被禁止、阻挠或批评。这个时期的宝宝也是如此，他不喜欢受到批评和指责，更希望获得大人的赞美。当他因为某些动作得到大人的夸奖时，会开心地露出笑容，做出很可爱的肢体动作，他还会重复做那些动作，以期望再次获得夸奖。

爸爸妈妈经常夸奖宝宝，能强化宝宝获得成功的愉悦情绪，使宝宝自我感觉良好，增强自信心，而成功的愉悦和自信心又能激发宝宝继续尝试的兴趣和探索的热情，这有利于宝宝在日后形成良好的心理品质。而且，爸爸妈妈的夸奖有助于亲子之间建立亲密的关系，使彼此之间更接近，让宝宝对爸爸妈妈产生信任感。

夸奖宝宝需要注意方式

虽然夸奖有利于宝宝的身心成长，但爸爸妈妈也不能随意而为，夸奖宝宝需要注意方式，不适当的夸奖不仅起不到积极作用，反而会对宝宝造成伤害。

有的爸爸妈妈常常用“宝贝真棒”“宝贝真聪明”这类的话来夸奖孩子，听起来确实是在表扬宝宝，实际却没什么成效。这种笼统的表扬会让宝宝认为自己“值得表扬”是天生的，而不是通过努力获得的，当他以后遇到挫折就容易否定自己，失去前进的动力。有的爸爸妈妈过于崇尚夸奖的作用，总是在表扬宝宝，过度的夸奖使得宝宝只能接受赞美，不能忍受批评，一遇到挫折就大发脾气、大哭大闹，这也是不可取的。要想让夸奖起到积极的作用，爸爸妈妈要注意以下方面：

◆大人要有针对性地、具体地夸奖宝宝，比如：“宝宝用力把粑粑拉出来了，真棒。”这样才能让宝宝将爸爸妈妈的表扬和自己的行为建立起联系，起到强化作用。

◆夸奖宝宝时，不仅要关注宝宝取得的成果，更要赞赏宝宝的努力，比如：“宝贝自己努力用手扶着奶瓶喝奶，做得很好。”

◆爸爸妈妈要善于用肢体语言夸奖理解能力尚弱的宝宝，一个微笑、拥抱、亲吻或摸摸他的头，可能比语言更能让宝宝感受到爸爸妈妈的真诚，加深愉悦的体验。

◆随着宝宝年龄的增长，爸爸妈妈应该逐渐减少夸奖的次数，做到有所夸有所不夸，让宝宝认识到自己把事情做好是理所当然的。

碰伤了自己会回头看妈妈的反应——寻求安慰

随着宝宝能爬、能站、能走，随之出现的意外情况也越来越多，妈妈在关注宝宝身体情况的同时，不要让不恰当的应对方式影响了宝宝的心理健康。

碰伤后寻求安慰

10～11个月时，大多数宝宝可以独自坐得很好，能够自如地爬行，自己扶着物体站立起来，有的宝宝甚至可以扶着东西走几步了。到12个月时，发育较好的宝宝已经能够独自蹒跚走动。随着宝宝活动能力的增强，宝宝的视野也随之得到了极大的开阔，受好奇心的驱使，宝宝对探索周围的世界有相当浓厚的兴趣，总是想要挣脱父母的束缚肆无忌惮地探索。但由于宝宝各项技能还不十分熟练，加之认识

不到危险，常常顾及不到周围存在的危险因素，便不可避免地出现摔倒或碰伤的情况。

许多宝宝在摔倒或轻微碰伤之后第一反应不是放声大哭，而是会回头看妈妈的反应，这是宝宝在寻求安慰，这时候妈妈的反应往往会影响到宝宝。如果妈妈流露出惊慌失措的情绪，宝宝也会受到感染，从而产生恐惧、紧张、委屈的心理，于是开始哇哇大哭起来，让妈妈更加担心“宝宝是不是摔得很严重啊”，进而出现越哄宝宝，宝宝反而哭得越厉害的情况。而如果妈妈的反应很平静，只要不是疼得特别厉害，宝宝就会当作没发生过一样继续投入到玩耍中去。

给予宝宝适度的安慰

如果妈妈在宝宝摔倒、碰伤的时候不闻不问，甚至在宝宝哭闹时厉声制止，希望借此锻炼宝宝，让他变得坚强、勇敢。这样做容易给宝宝幼小的心灵留下阴影，不利于建立亲密的亲子关系，严重的甚至会造成宝宝性格扭曲，使他变成一个孤僻、自卑的人；如果妈妈反应过度，在宝宝轻微碰伤时大惊小怪，一边安慰还要一边咒骂作为“罪魁祸首”的物品，这样也会让宝宝变得懦弱、胆小、任性。

其实，宝宝并没有大人想的那么“娇气”，不会稍有磕碰就忍受不了，在宝宝摔倒或碰伤后，妈妈要做的就是给予适度的安慰。如果宝宝摔倒或磕碰之后没有哭，妈妈不要立即过去搀扶，可以鼓励宝宝自己站起来。如果宝宝因为疼痛而哭了，妈妈也要保持镇静，不要大惊小怪，先及时查看宝宝有没有受伤，如果只是轻微伤，可以心平气和地给予宝宝适度的安慰，宝宝一般可以在很短的时间里把惊吓和疼痛转移到玩耍上去；如果疼痛较重，宝宝哭闹不已，妈妈可以让宝宝趴在自己怀里哭，并轻拍或抚摩他，这样能使宝宝的心灵很快获得抚慰。

温馨提示

宝宝摔倒、磕碰后，妈妈要通过观察宝宝的意识、瞳孔、鼻腔、耳道、四肢活动等情况判断宝宝受伤的程度，以便及时采取适当的措施。

当宝宝饿了、尿了，身体不舒服，或仅仅只是想要一个“抱抱”时，他都会有不同的行为表现。爸爸妈妈如果能及时察觉并读懂宝宝的行为，就能满足宝宝的各种需求，更好地呵护宝宝。

Chapter 5

读懂宝宝的生活需求

宝宝不爱搭理人——要睡觉了

宝宝想睡觉之前，多半会发出各种各样的睡眠信号。大多数宝宝的睡眠信号是固定的，例如不爱搭理人。此外，还有一些其他表现。

宝宝要睡觉的常见表现

精神不振、打哈欠是我们常见的犯困迹象，不过，很多宝宝的犯困信号与大人有所不同，甚至与我们想象中的相差甚远。宝宝刚犯困的时候，他会开始发呆，眼神发直，对周围的事物不太关心，而且玩得没那么起劲儿。叽叽喳喳的语言减少，这时跟他交流或喊他，他的反应会变慢。有些宝宝会打哈欠、揉眼睛等。

不同月龄宝宝的犯困迹象

随着宝宝的运动能力以及认知、情绪的发展，他们也会通过独特的方式来表达自己想要睡觉的想法。

作为父母，应了解宝宝不同年龄段的犯困迹象，当宝宝想睡觉时，及时让宝宝入睡。

宝宝 0 ~ 3 个月

宝宝出生后的前几周，需要大量的睡眠。如果他们清醒的时间过长，就会迅速变得疲劳。然而，由于小婴儿还不能很好地控制自己的动作，他们的行为很大程度上是自然反应，这意味着他们的疲劳迹象很容易被混淆，从而被误解。一旦你发现宝宝出现疲劳迹象，尽快把他们放到床上睡觉，能很好地解决宝宝因为过度疲劳而引起的烦躁与胡闹。

◆紧握拳。

◆做鬼脸。

◆目光呆滞。

◆扭动身体。

◆腿来回晃动。

◆烦躁、发脾气或者哭。

宝宝 4 ~ 12 个月

当宝宝 4 个月以后，逐渐能够控制住自己的身体时，他们的典型疲劳迹象将更加明显。密切注意宝宝的疲劳迹象，并坚持在固定的时间让宝宝上床，能帮助宝宝拥有更好的睡眠质量。

◆出现身体协调性较差的迹象。

◆揉眼睛、抓耳朵、挠脸或揪头发。

◆将小脸从物体或人身上离开，慢慢垂下自己的小胳膊。

◆如果被抱在怀里，会将脸埋在妈妈胸前。

◆被抱着时会弓起后背向后靠着。

◆在小床上时会来回滚动，或是蜷缩着身子窝在床的一角，将头靠在一边。

宝宝犯困时父母怎么做

1岁以内的宝宝体力有限，因此睡眠时间要比成年人多很多，尤其是新生儿，一天中大部分时间都是在睡眠中度过的。

对于宝宝而言，睡觉是很重要的事情，充足的优质睡眠可以增强宝宝的免疫力，让宝宝长得高，情绪稳定，也更聪明。父母如果能及时捕捉到宝宝发出的睡眠信号，并采用固定的方式及时哄睡，可帮宝宝快速入睡、健康成长。因此，当宝宝出现犯困的信号时，父母一定要顺应宝宝的要求，哄他睡觉。

为了让宝宝可以充分休息，建议妈妈把室内光线调暗一点，同时保持室内安静，若是到了该喂奶的时候宝宝还没有醒来，也不要故意叫醒他，要让他自然醒来。

值得注意的是，并不是所有的宝宝想睡觉时都会不爱搭理人，有的宝宝在困极了的时候反而会异常兴奋，他的身体可能会扭动打挺，动个不停；有的宝宝会玩得特别兴奋，不过专注力变差，不停换花样，显得有点儿不耐烦；还有些宝宝开始闹脾气，怎么安抚都不起作用。这时候，宝宝其实非常困了。不过很多父母并没有完全明白宝宝的异样。他们以为宝宝还能玩，看宝宝兴奋自己也跟着乐，还在不断地逗弄宝宝。也有部分家长看到宝宝无端发脾气，自己也跟着产生一股无名火，跟小家伙“对着干”。这两种做法都会让看上去兴奋、焦躁，实际上疲惫不堪的宝宝更受刺激，难以入睡，吵闹得更厉害，做父母的要尽量避免。

哼哼唧唧，睡觉不消停
——寻求帮助

有些宝宝只要妈妈轻轻哼唱童谣就会很快睡着，但有些宝宝睡觉的时候却总不安宁，他们时常会惊醒，甚至会哭闹，导致睡眠时间比其他宝宝少得多。妈妈时常搞不明白他们到底是怎么了。其实，宝宝尚不能使用语言表达自己的意愿和需求，只能哭闹，如果你发现宝宝在睡觉的时候哼哼唧唧，总是睡不消停，他可能是在向你寻求帮助。

宝宝的睡眠环境不舒适

睡眠环境包括睡觉方位、声音、光线、室内温度和湿度、通风等方面。婴幼儿由于自身调节体温的能力差、神经系统发育不完善、无法准确表达自己的想法，因此睡眠状况更容易受环境的影响。

- ◆室内温度过高或较低。
- ◆室内空气过于干燥。
- ◆窗帘不遮光或开灯睡觉。
- ◆噪声刺激使宝宝烦躁不安。
- ◆被褥过硬、枕头太高。
- ◆给宝宝穿盖过多或过少。
- ◆室内有蚊子、苍蝇等妨碍睡眠的虫类。

宝宝自身的因素

如果宝宝本身患有疾病或不适，如积食、消化不良、上火、缺钙、恋奶等，也会出现睡眠不安的情况。

当宝宝用哼唧声向妈妈寻求帮助时，妈妈要仔细观察，查找引起宝宝不适的原因，并对症解决。

边哭边扭头寻找乳头，并舔嘴唇——宝宝饿了

宝宝的年龄尚小，只能通过哭声向妈妈传达自己的需求。当他饿了会哭，渴了会哭，吃得太饱会哭，尿了、拉便便了也会哭，这些都属于宝宝的需要性啼哭。当宝宝哭的时候，妈妈要从他的哭声中尽快判断出宝宝的需求，并给予满足。当宝宝获得满足时，他就会停止哭泣。

然而，很多年轻妈妈会被宝宝的这种啼哭弄得晕头转向，不知道宝宝到底有什么需求。其实，只要妈妈细心观察，就不难发现其中的规律。就拿宝宝饿了来说，有经验的妈妈都知道，当他饿了的时候，哭声会带有乞求感，开始的时候很小声，后面越哭声音越大，一边哭，一边还会扭头，去寻找妈妈的乳头，并用舌头舔嘴唇，或做出吮吸的动作。这时候，妈妈应放下手头的工作，赶紧给宝宝喂奶。

按需哺乳是更科学的喂奶方式

所谓按需哺乳，就是宝宝饿了就开始哺乳，而不硬性规定时间。同时，如果妈妈感觉乳房胀满，或者孩子睡眠时间超过3个小时，就要把孩子叫醒予以喂奶。因为妈妈的泌乳量是根据供需原理分泌的，所以应提高早期喂奶的频率，进而提高产奶量。

一般来说，正常的哺乳次数是每天8～12次，平均每两三个小时吃一次。当然，有时宝宝吃奶的次数会超过这个数字。如果宝宝总是没到2个小时就饿，很可能是进入了冲刺成长的阶段。这个阶段往往发生在宝宝1～2个月大的时候，因为这一阶段的宝宝需要更多的能量和营养，而母乳是这些能量和营养的唯一来源。

喂奶时的细节提醒

无论是新手妈妈还是有经验的妈妈，在喂奶时应注意以下细节，会让整个哺乳过程更顺畅，宝宝也吃得更舒心。

◆采取“C”字形手势，可以很好地托起乳房，让宝宝更容易含住。

◆让宝宝含住乳头和大部分乳晕，以有效刺激乳腺分泌乳汁。

◆常见的哺乳姿势有摇篮式、交叉摇篮式、侧卧式和橄榄球式，无论选择哪种，只要妈妈和宝宝都舒适就好。

温馨提示

母乳喂养的宝宝一般不需要额外补充水分，但是，遇到炎热的天气，母乳中的水分也不一定能满足宝宝的需求。如果宝宝嘴唇发干、哭闹不止，这表示他可能口渴了，妈妈只需要给宝宝喝一点儿水，他就会停止哭泣。

吃奶时总是吃吃停停——奶水不足、吃不饱

每位妈妈都想让宝宝吃饱喝足，好好休息，不会因喂养不当而哭闹或生病。如果你的宝宝吃奶时总是吃吃停停，妈妈就要考虑自己的奶水是否充足，宝宝能否吃饱了。

学会判断宝宝是否吃饱

专家指出，母乳喂养的新生儿应遵循按需喂养的原则，只要宝宝饿了就要喂，这样才能满足其营养需求。如果宝宝吃不饱，就会影响生长发育，因此，学会判断宝宝每次是否吃饱十分重要。

一般来说，宝宝喝奶时有节律地吸吮，并可以听到“咕嘟咕嘟”的吞奶声，吃完后会自动吐出奶头，有满足感，然后会安然地睡两三个小时，醒后还能玩一会儿，就表明宝宝吃饱了；反之，如果宝宝喝奶时吞咽少，使劲吸奶、咬乳头，长时间含着奶头不放，吃完后仍然哭闹，吃完一会儿又要吃，吃吃停停，或者吃了超过30分钟还含着乳头吸吮不放松，就说明没吃饱。此外，监测宝宝的体重增长情况也可判断宝宝是否能经常吃饱。如果宝宝出生7～10天后，体重每周增加125克以上，就说明喂养充足；如果体重有一段时间没有增加，就可能是经常吃不饱导致的。

我们都知道母乳喂养的好处。如果新妈妈的奶水不足，导致宝宝经常吃不饱，那么，首先应进行催乳，尽量维持母乳喂养的可能性。如果经过努力奶水依然不足，也不能强求，可选择混合喂养或配方乳喂养等其他喂养方式。

科学催乳这样做

对新妈妈而言，产后催乳只要做到3个要点，即吃好、睡好、心情好，自然而然就会拥有充足且优质的奶水。

产后，新妈妈应根据身体的恢复情况进行食补，一般建议从产后3～4

周开始摄取营养丰富、可以增加产奶量的催乳食物，如黄花菜、猪脚、牛奶、鲫鱼、豆腐等。注意，千万不能刚生产完就大补，否则可能造成乳房胀痛，反而对乳汁分泌不利。

充足的睡眠能保证泌乳素的分泌，让新妈妈的奶水分泌得更多。因此，新妈妈产后要注意多休息，必要时可以让家人帮忙照顾宝宝，不要让自己过于劳累，尽量保证每天的睡眠时间在8小时以上。

另外，新妈妈如果心情不好，负面情绪就会通过大脑皮层影响垂体的活动，抑制催乳素的分泌，影响排乳反射，使乳汁分泌减少。因此，哺乳的新妈妈一定要保持好心情。

最后，新妈妈还可以进行适量催乳按摩，促进乳汁的分泌。

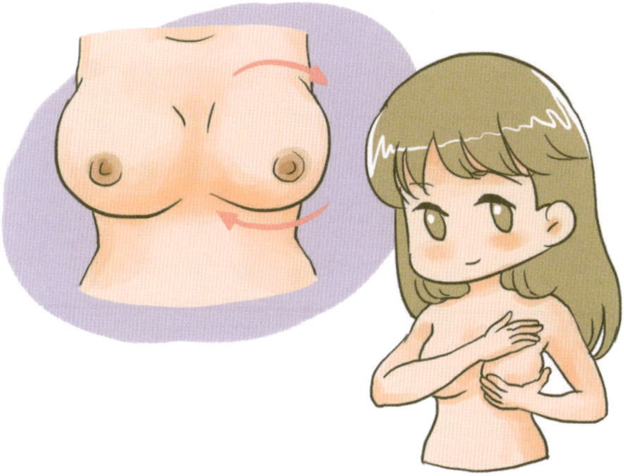

看到大人吃饭会流口水、盯着看——考虑添加辅食

如果你的宝宝长到了6个月，看到大人吃饭时，会情不自禁地流口水、眼神固定地盯着看，妈妈就可以考虑为宝宝添加辅食了，适时添加辅食，是保证宝宝健康成长的重要内容。

添加辅食的时间很重要

原则上，专家建议在宝宝长到6个月的时候就开始给他添加辅食。添加辅食的时间不能过早或过晚，如果过早添加，宝宝可能会因为消化功能尚未成熟而出现呕吐、腹泻等情况；而过晚添加则会造成宝宝营养不良，甚至会导致他不爱吃非乳类的流质食品。

不过，这个时间并非绝对，具体到每个小宝宝，妈妈应该根据其身体的健康状况及成长需要来定，不要盲目和别人家的孩子比较。

初次添加辅食的技巧

第一次添加辅食对宝宝非常重要，第一次添加辅食越顺利，宝宝对辅食的接受度也会越高。因此，建议妈妈做好准备，挑好时间，让宝宝在轻松、安静、愉快的氛围中进行辅食尝试。

首次给孩子添加辅食，建议从婴儿营养米粉开始，再慢慢过渡到果蔬汁、果泥、蔬菜泥，然后才是蛋羹、鱼泥等。可以在上午10点左右（宝宝睡了一觉心情较好，而且离午餐还有一段时间），由妈妈亲自用婴儿专用的小勺盛半勺米粉，面带微笑地喂给宝宝吃，记得要用眼神和语言鼓励宝宝。

辅食添加的注意事项

在辅食添加的过程中，由于宝宝的年龄尚小，肠胃消化功能弱，因此，有很多事情需要妈妈留意。

首先，宝宝的胃肠道有一个逐渐成熟的过程，家长应根据孩子的胃肠道功能和消化情况调整食物的性状。另外，辅食添加还应考虑到宝宝的牙齿发育和咀嚼能力，根据宝宝的接受程度来添加。

总的原则：由少到多、由稀到稠、由细到粗、由植物性食物到动物性食物。

种类：谷物（淀粉）→蔬菜→水果→动物性食物。

质地：液体（如菜水、果汁等）→泥糊（如稀粥、菜泥、肉泥、鱼泥、蛋黄等）→固体（如烂面条、软饭、小馒头片等）。

其次，给1岁以内宝宝的辅食应尽量清淡，以原味为主，不要放盐、糖、酱油、生抽等调味料。这样不仅能促进宝宝的味觉发育，还有助于营养均衡和培养良好的饮食习惯。

最后要提醒妈妈注意的是，刚开始添加辅食的时候，是宝宝食物过敏的高发期。因此，要谨慎添加容易导致宝宝过敏的食材，如鸡蛋、牛奶、大豆、虾蟹、花生、杧果、草莓等。

没吃东西嘴也会“吧唧”动个不停——辅食添加信号

有的时候，细心的妈妈可能会发现，当大人吃东西的时候，旁边的宝宝也会模仿大人的样子，即使嘴巴里没有东西，也会“吧唧”“吧唧”动个不停，这是怎么回事呢？

吧唧嘴表明舌头的功能开始发育

人的舌头在消化食物的过程中发挥着重要的作用：首先，让进入嘴里的食物可以被臼齿咬到，然后让食物和唾液充分混合，再细细嚼碎，最后把他们混成细细的一团放在舌头上，如果无法形成一团，就没办法吞咽下去。

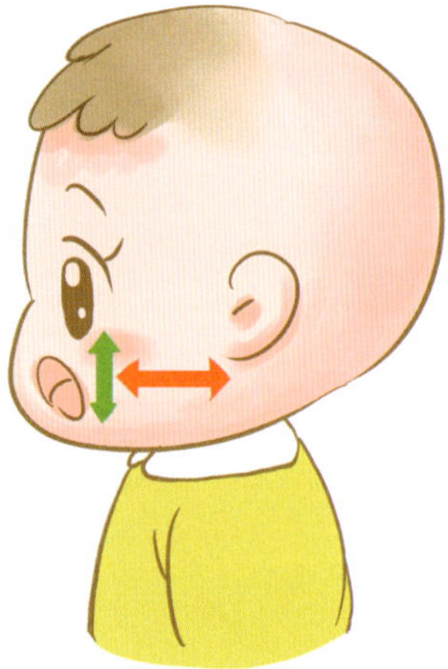

事实上，宝宝“吧唧嘴”（咀嚼）是因为他的舌头在动，表示他舌头的运动功能开始发育。这时他的舌头不仅能前后动，还能上下动，妈妈可以给他添加辅食了，也可以说，这是宝宝在向你发出辅食添加的信号！

辅食添加的其他信号

除了“吧唧嘴”以外，宝宝想吃什么、该吃什么的时候，还会通过其他方式向妈妈发出需求信号，只要妈妈细心观察，一定不难发现。

◆宝宝每天都会喝1000毫升以上的母乳或奶粉，喂奶次数达8～10次。

◆喜欢吮吸自己的手指和拳头，抓住东西就放到嘴里吸吮或舔舐。当妈妈将食物触及宝宝嘴唇时，宝宝会表现出吸吮的动作，并表现出很开心的样子。

◆当宝宝看见大人吃东西时，会很感兴趣，可能还会来抓勺子、抢筷子，或是在大人把菜从盘子里夹起时伸手去抓。

◆宝宝的体重达到出生时的2倍。例如，宝宝刚出生时的体重为3.4千克，如果此时体重达到了7千克，就可以考虑开始添加辅食了。

◆宝宝能扶着坐或靠着坐了，能够控制头部的转动及保持上半身平衡，并能通过前倾、后仰、摇头等简单动作表达想吃或不想吃的意愿。

如果宝宝暂时还没有萌生出想吃辅食的念头，妈妈也不要太着急，毕竟每个宝宝的情况都不一样，需要妈妈耐心等待。此外，在成功给宝宝添加辅食后，还需要注意宝宝给你的“食用反馈”，以便及时发现宝宝食用辅食后的异常状况，让宝宝能够吃得更健康。

温馨提示

开始给宝宝添加辅食后，妈妈可以慢慢尝试给宝宝断奶了。断奶是一个自然的过程，一般认为婴儿长到1岁之后断奶比较合适，最晚也不能晚于2岁，这需要根据宝宝实际的身体状况而定。

饭送到嘴边会用手打掉——不高兴、不爱吃或吃饱了

随着宝宝逐渐长大，他也逐渐形成了自己的意识，如果妈妈在喂辅食的过程中发现他把送到嘴边的饭菜用手打掉或推开，或者干脆扭过头去不吃，可能有三种情况——不高兴、不爱吃或吃饱了。

具体来说，如果宝宝只是用手打掉或推开饭碗，表明他不爱吃这个饭；如果伴有将头转向一边，表情很生气，则是不高兴了；倘若宝宝把饭碗推开的同时，伴有四肢松弛的模样，则是他已经吃饱了的信号。

但也有时候，宝宝吃不了几口就会把饭吐出来或者推开饭碗，这可能是以下几种情况造成的。

- 长牙不适。
- 胃口不好。
- 情绪低落。
- 饭菜过冷或过热。
- 熟悉的喂饭的人换了。
- 宝宝的饭桌、辅食工具换了。

……

妈妈一定要细心观察，找出宝宝这样做的真正原因，否则宝宝可能无法摄入充足的营养，影响正常的生长发育。

如果宝宝不高兴或者吃饱了，此时妈妈千万不要勉强宝宝，可以过一会儿再喂食；如果宝宝只是单纯地挑食，那么，妈妈就要注意喂养策略了，因为长期挑食可能会造成宝宝营养不良，影响正常的生长发育。妈妈可以试着这样做。

◆通过改变食物的外观，如将辅食切成小丁状，摆出海豚、小兔子、小熊等造型，或将做好的食物添加适量可食用的装饰物等，引起宝宝吃辅食的兴趣。

◆改变食物的制作方法，如将宝宝不喜欢吃的食物煮烂，然后掺杂在宝宝喜欢吃的食物里面，让宝宝不知不觉地吃下去。

◆爸爸妈妈充分发挥示范作用，让宝宝有兴趣尝试不爱吃的食物，减少挑食。

◆隔段时间再次喂食，如果宝宝还是不喜欢吃，则可以用与之营养接近的其他食材代替。

◆在医生的指导下为宝宝补锌。锌是唾液淀粉酶的重要成分，宝宝体内缺锌将会影响味觉，导致宝宝食欲不振，甚至出现偏食、挑食等现象。

温馨提示

宝宝一旦出现挑食、偏食等不良饮食习惯，妈妈要适度管教，及时纠正，不能纵容宝宝，以免影响孩子以后的进食情况和身心的健康发展。

喂奶后哭声尖、溢奶甚至呕吐——吃太饱了

有些宝宝在吃完奶后，会尖声哭，同时伴有溢奶甚至呕吐的状况，有时候还会乱蹬双腿。如果此时妈妈贴着他的腹部将他抱起，他会哭得更加厉害。有些妈妈对此总是手足无措，以为宝宝是得了什么病，其实，这只是宝宝在向你表达自己吃得太饱了。

吐奶是胃中食物被强而有力地排空，量比较多；溢奶是宝宝吃进了空气，当空气从胃里溢出来的时候，夹带了些奶水。溢奶的时候宝宝是很自然的，像流口水一样，没有吐奶时的痛苦感。像溢奶、吐奶之类的现象，常常发生在月龄小的宝宝身上，尤其以新生儿为多见。这主要是因为他们的胃容量很小，胃部肌肉薄弱，食管下1/3的环状括约肌尚未发育完全。喂奶后，胃部因胀大产生压力，括约肌的收缩强度又不足以阻止胃部食物回流，从而引起呕吐。大部分新生宝宝都会出现这种情况，妈妈不用过分担心，随着宝宝月龄增加，这种现象会自然减轻或消失。

不过，如果宝宝出现以下几种情况，妈妈就要考虑宝宝是否患上了某种疾病，应及时带宝宝就医。

◆频繁呕吐，且吐出的是绿色胆汁或奶瓣，呕吐量大。

◆出现喷射性呕吐，同时伴有尖声哭闹。

◆大便量偏少，且呕吐之后有很强的饥饿感。

妈妈可以采用以下方法防止宝宝吐奶、溢奶。

◆喂奶后先将宝宝竖抱一段时间，再放到床上。

◆在喂奶后轻拍宝宝，让宝宝打嗝排出胃部的气体。

◆尽量在喂奶前换尿布，吃完奶后不要让宝宝有大幅度的动作。

◆如果喂奶时出奶量过快过多，妈妈可用手指轻压乳晕，减缓奶水的流出速度。

◆宝宝吃饱后，别逗他玩，即使有的活动在成人看来不是很剧烈，但对宝宝来说，也可能造成溢奶。

◆掌握好宝宝喂奶的间隔时间，查清宝宝是否因没吃饱而哭，防止喂奶太过频繁，宝宝吃得太饱而吐奶。

◆喂奶姿势要正确，母乳喂养时要让宝宝的嘴含住整个乳头，避免宝宝吃进空气。喂配方乳时，要让奶瓶稍微倾斜，以保证奶嘴充满奶液，防止宝宝因胃部胀气而出现溢奶。

◆宝宝溢奶后，睡觉时应先让宝宝采取右侧卧位睡觉，然后再仰卧，可以防止再次溢奶。

温馨提示

如果宝宝患有感冒，伴有咳嗽，会加快其呼吸频率，导致出现呕吐的症状，这时候妈妈喂奶要格外小心，注意宝宝吞咽和呼吸的协调性，尽量做到少食多餐。

噘嘴、红脸横眉——宝宝“内急”

宝宝长到五六个月以后，爸爸妈妈注意观察他的表情和行为，就能发现宝宝要大便的信号，这时赶紧带他去便便，就能省去换裤子、洗裤子、洗床单等许多麻烦事儿了。

宝宝“内急”的信号

刚出生的宝宝胃肠功能发育尚不成熟，大脑的控制力也比较低下，大小便是一种无条件反射，每天的次数会比较多，爸爸妈妈也很难预知。随着月龄的增加，宝宝的生活逐渐变得有规律，基本上能够定时睡觉，定时进食，大小便间隔时间也会开始产生规律。尤其到了半岁以后，宝宝有了一定的意识与控制力，在想要拉便便的时候会发出各种信号提醒妈妈。比如，有的宝宝玩得好好的，突然不动了，然后小脸憋得通红，眉筋突暴，不时有用力的迹象；如果宝宝正坐着，会不时地挪动屁股，想要起来，有的宝宝还会噘嘴，嘴里发出“嗯嗯”的声音等，这些都是宝宝“内急”的信号。

及时回应宝宝的信号

爸爸妈妈平时应注意细心观察，在宝宝发出排便信号时及时给宝宝把便，并辅以“嗯、嗯”的诱导声，宝宝配合排便的成功率就会高很多，这样可以减轻爸爸妈妈“大便失控善后”的工作量，也可以帮助宝宝慢慢建立条件反射。到宝宝1岁半左右有了一定的控制排泄能力时，爸爸妈妈再训练宝宝定时排便就会顺利得多。

排便训练不用太早进行，一般到了8个月左右时，宝宝已经能够坐稳，爸爸妈妈就可以让他练习坐便盆了。先给宝宝准备一个颜色亮丽的可爱便盆，将它放在宝宝玩耍的地方，爸爸妈妈可以经常陪着他进行假装上厕所的游戏，让他每天在便盆上坐一会儿，并把脏尿裤上的东西倒到便盆里，给宝宝看，使他逐渐理解便盆的概念和用途。

从大便了解宝宝的健康状况

爸爸妈妈不但要注意观察宝宝排便前的表情、动作，注意帮他建立排便的条件反射，当宝宝拉了便便后，还要学会观察大便的颜色和形状。

不同的喂养方式，所排出的大便不同。一般来说，母乳喂养的宝宝，大便呈黄色或金黄色软膏状，有酸味但不臭，有时有奶块，或微带绿色。配方乳喂养的宝宝，大便呈淡黄色或土灰色，呈均匀硬膏状，常混有奶瓣及蛋白凝块，略有臭味。

如果大便干燥、坚硬、不易排出，则可能发生了便秘；如果大便带有鲜红的血丝，可能是大便干燥，或者是肛门周围皮肤皲裂；如果大便发黑或呈红色，可能有胃肠道出血；如果大便为淡黄色、呈糊状、外观油润、内含较多的奶瓣，在水中可以看到脂肪小滴漂在水面上，大便量和排便次数都比较多，那么宝宝可能是脂肪消化不良；如果大便呈黄褐色稀水样、带有奶瓣、有刺鼻的臭鸡蛋味，可能是蛋白质消化不良。爸爸妈妈要注意观察宝宝的大便，一旦发现异常，就要及时带宝宝就医。

爱流口水的宝宝——吞咽功能不全

2～3个月大的宝宝，大部分会开始流口水。流口水是宝宝在发育过程中必须要经历的阶段，多数是由于宝宝吞咽功能发育不全导致的。

宝宝为什么爱流口水

口水其实就是唾液腺分泌的唾液。由于小宝宝的口底较浅，口腔容积较小，而吞咽功能没有发育完善，口水就会不受控制地流出来，这个现象会伴随宝宝长牙的整个过程，这属于生理性流口水。此外，如果宝宝患有某些疾病，也可能导致口水不止，属于病理性流口水。

引起宝宝流口水的疾病通常包括以下几种：

◆感冒。

◆口腔炎。

◆先天性自主神经功能障碍。

◆脑部疾病，如脑麻痹和智能发育滞后。

不能让口水“放任自流”

宝宝流口水时，爸爸妈妈不能任其流淌。口水偏酸性，且含有一些有腐蚀性的消化酶，如果放任不管，这些口水流到宝宝的嘴角、脖子甚至是身体上，就会腐蚀宝宝皮肤外面的角质层，或导致真菌感染，使宝宝皮肤发红、长湿疹，所以，掌握正确的口水处理方法很重要。

宝宝口水的正确处理方法

宝宝流口水以后，爸爸妈妈首先要做的就是帮其擦干，可以选择柔软的、吸水性强的手帕，将手帕轻轻贴在宝宝有口水的皮肤上，将其吸干，注意动作轻柔，不要来回擦拭，以防皮肤破损。另外，手帕要经常消毒、清洗，并放在阳光下照射，以免引起感染。

为了防止口水弄脏衣服，家长还可以用干净、柔软、吸水性强的毛巾做成围嘴，或者去母婴用品店购买现成的婴儿围嘴，给宝宝围在脖子上。过大、过长、有太多花边的围嘴，以及橡胶或油布做成的围嘴都不适合宝宝，不建议选择。父母可多购买几条围嘴轮流使用，及时给宝宝更换被口水浸湿的围嘴。只有保持围嘴的整洁和干燥，宝宝才会感到舒服，并乐于使用。

以上是针对宝宝生理性流口水的处理方法，如果宝宝是病理性流口水，除了流口水的量增多外，可能还会伴有其他症状，如食量改变、无故哭闹、发烧或睡不安稳等，此时就要及时带宝宝就医了。

温馨提示

在给宝宝擦口水时，有的父母觉得湿纸巾既干净，又方便使用，于是选择用湿纸巾给宝宝擦口水。其实，有的湿纸巾含有香精，会使宝宝的皮肤受到刺激，在无法判断湿纸巾是否含有香精的情况下，不建议父母选择湿纸巾帮宝宝擦口水。

宝宝常打哈欠——可能是缺氧

有的宝宝时常会出现眉头紧皱、嘴巴张大的打哈欠状，有的妈妈认为那不过就是普通的哈欠，没什么太大的问题，所以不会加以注意，殊不知，宝宝常打呵欠可能是缺氧导致的。

打哈欠是人的本能反应

人从出生时起，直至生命终止都会打呵欠，打呵欠是人类的一种本能反应，就像心跳和呼吸一样，并非意志所能控制。

人平均打一次呵欠需要的时间约为6秒，在这一过程中，人的双眼紧闭，耳朵几乎听不见周围的任何声音，全身的神经和肌肉都处于完全松弛的状态，能使人在生理和心理上得到充分的休息，对人体起着重要的保护作用。具体来说，体现在以下几个方面：

◆增加血液中的氧气含量，排出较多的二氧化碳，使精力更充沛。

◆增加脑部的供氧量，帮助保护脑细胞。

◆提高人体的应激能力。

警惕宝宝缺氧导致的呵欠

通常来说，人会在想要睡觉的时候打呵欠，但是，大脑缺氧时，也会打呵欠。如果宝宝平时经常出现呵欠不断的情况，妈妈就要考虑宝宝是不是缺氧了。专家指出，当宝宝的肺脏周边组织察觉到肺里的氧气浓度降低的时候，宝宝就会通过打呵欠来吸入更多空气，以保证足够的氧气摄入。此时妈妈要积极排查宝宝的生活环境，必要时带他就医。

洗澡时总是很“紧张”——感觉不安

如果你的宝宝在洗澡的时候表现得很紧张，会下意识地握紧拳头，或者用两只小手紧紧抓住一切可以抓住的物体，比如大人的头发、衣服或者洗澡盆的边沿，全身较着劲，有时候还会哭闹不止，弄得洗澡就跟打仗一样，你可能会不解，孩子那么小，他还什么都不懂，为什么洗个澡会这么困难呢？其实，这是宝宝缺乏安全感的表现。

为了让家长更加形象地了解宝宝的这一行为表现，在此，我们不妨设想一下宝宝在洗澡过程中的一系列心理变化。

◆爸爸妈妈把我脱光光放到一个大大的盆子里，他们要干什么？

◆盆子里还放了那么多的水，把我弄得湿湿的，还有几只手在我的身上忙来忙去，弄得我好不安啊！

◆我在他们的手里晃来晃去的，那感觉好像不太安全。

◆我不得不抓住点什么来保护自己，这哪有躺在我的婴儿床上舒适和安稳呀！

◆不知道是谁一下子弄得我不舒服了，本来就不高兴在水里的我索性就拿出终极武器——大哭起来……

为此，我们建议家长在给宝宝洗澡的时候，动作尽量轻柔缓慢，切勿手忙脚乱。如果小家伙能在扶持下坐在水盆里，不妨放一只小黄鸭吸引他的注意力，以减少宝宝的不安与紧张。

宝宝坐立不安——可能长了尿布疹

如果妈妈发现平时乖巧温顺的宝宝突然变得坐立不安、烦躁爱哭，他可能是长了尿布疹，此时检查下他的小屁股，便能查出罪魁祸首了。

尿布疹就是常说的“红屁股”

尿布疹是发生在裹尿布部位的一种皮肤炎性病变，俗称“红屁股”，常见于肛门周围、臀部、大腿内侧及外生殖器官，病情严重者可蔓延至会阴及大腿内侧，主要表现为臀红、皮肤上有红色斑点状疹子，甚至出现丘疹、水疱、溃烂渗水，如果合并细菌感染，则会产生脓疱，危害宝宝的身心健康。

尿布疹是几乎每一个小宝宝都会得的皮肤病症。宝宝的臀部皮肤非常薄嫩，如果经常受到大小便的刺激，加上护理不当，如不勤换尿布，使宝宝的臀部长期处于潮湿的环境下等，就很容易出现尿布疹。

尿布疹的预防与护理

对于尿布疹，重要的是预防，保持宝宝皮肤完整和臀部干爽。如果宝宝不慎患上了尿布疹，父母更要做好宝宝臀部的护理，以改善尿布疹带给宝宝的不适感。

◆给宝宝勤换尿布，在给宝宝穿上尿布之前，让宝宝的臀部自然晾干。

◆宝宝每次大小便后，可用温水为其清洗并用软布擦干，干爽后涂抹适量护臀霜。

◆若尿布区域已破溃，可在每次温水冲洗局部后，将吹风机调至弱档，用热风吹干，然后涂抹药膏。

◆给宝宝洗澡用清水即可，切勿添加含香精或碱性重的沐浴产品，洗完后可以擦上适量爽身粉。

◆为宝宝选购纯棉材料、质地柔软的衣物和吸水性好的尿布，避免羊毛、丝、尼龙等材质刺激宝宝的皮肤。

◆如果宝宝使用的是传统的布尿布，应勤更换，并用婴儿肥皂彻底洗净，放在太阳下晒干，以杀菌消毒。

◆经常留意宝宝周围的温度及湿度的变化，避免宝宝的皮肤受到过度刺激。

◆如果宝宝臀部有水疱或有脓，48～72小时内不消失或更严重，就应去看儿科医生。

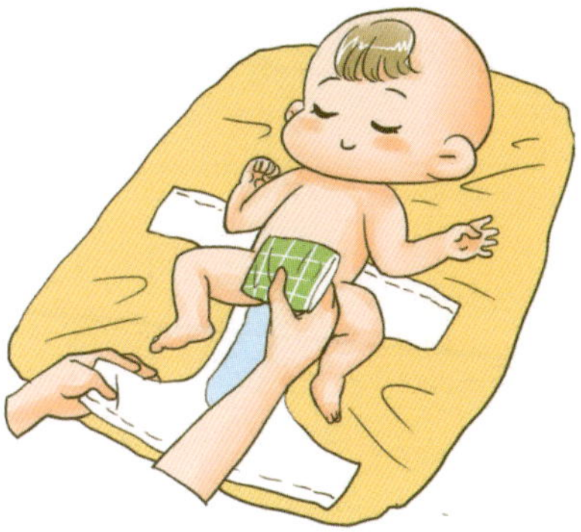

温馨提示

有许多家长认为，使用纸尿裤更容易导致尿布疹，其实，纸尿裤和尿布疹并无直接的因果关系，无论是纸尿裤、一次性尿布还是传统的布尿布，只要使用不当、产品质量不合格，都可能导致尿布疹。

睡觉时总是蹭脑袋——太热或缺钙

有些宝宝睡觉时总是喜欢蹭脑袋，以至于后脑勺接触枕头部分的头发都快磨光了，很多家长认为孩子蹭脑袋、出现枕秃是缺钙的表现，真的是这样吗？

宝宝睡觉蹭脑袋可能是太热了

宝宝出生后，身体的中枢神经系统调节功能还比较弱，而体表面积相对较大，皮肤汗腺尚未发育完全，因此，他的体温调节功能不完善，产热和散热时常会出现不平衡，导致体温易波动。如果宝宝在睡觉时，周围环境的温度过高、保暖过头，他的体温就会上升很高，甚至会达到40℃，这时候，他的身体会出汗、发痒，特别是脖子后面，从而刺激宝宝蹭脑袋。

如果妈妈发现宝宝蹭脑袋的同时，伴有出汗、皮肤潮红，就可以基本断定是太热导致的。此时，应减少给宝宝盖的被子，保证宝宝所穿的衣物适中，必要时可以使用空调给周围环境降温，但注意空调风不能对着宝宝直吹。

另外，还要提醒新手爸妈注意的一点是，最好在家里准备一个耳温枪，随时监测宝宝的体温，辅助他做好体温的调节工作，保证宝宝的健康与安全。耳温枪可以去母婴用品店或药店购买。

缺钙也可能引起蹭脑袋，甚至枕秃

缺钙的宝宝在睡觉的时候也容易出汗，导致枕巾变得潮湿，潮湿的枕巾会刺激他的头部皮肤，使得宝宝睡不安稳，总是把脑袋蹭来蹭去的。

不过，判断宝宝是否缺钙不能凭借妈妈的经验之谈，而应由专业的医生检查后方可下定论。因为有些症状和体征并非特异性的，例如出汗、睡眠不安等症状，很可能是宝宝神经系统发育不完善引起的；而枕秃则可能是宝宝睡觉时太热导致的。如果妈妈不能判断自家的宝宝是否缺钙，应带他去专业的医院进行检查。如果经断定，宝宝确实存在缺钙的情况，妈妈可以在日常饮食中给他添加一些含钙丰富的食物，如牛奶、坚果、虾、豆类，以及新鲜蔬菜等。必要的时候，可以在医生的指导下给宝宝服用钙剂，同时注意多带宝宝晒晒太阳，促进钙的吸收。

温馨提示

如果妈妈发现宝宝只有在醒来以后才会蹭脑袋、摇头，代表他新学的一项运动技能——宝宝在用摇头向父母传达自己的进步。因此，父母要学会仔细观察，并科学辨别宝宝的需求，不可盲目下定论。

醒来身边没有人就会哭——安全感的需求

哭声是尚不会说话的小宝宝表达自己需求的特殊语言。如果宝宝睡醒之后发现周围没有人或没有人理睬他时，就会感到寂寞、无助、孤独、害怕，这时候他通常会大哭，以此来吸引大人的注意，也就是告诉大人们："我醒了""我需要帮助"等，这是宝宝在用哭声表达自己对于安全感的需求，是正常的表现。

一般来说，宝宝睡醒后都希望马上见到妈妈，因此，如果他在这时候哭闹，妈妈只要稍加安抚就好了。

- 跟宝宝说说话。
- 把宝宝温柔地抱在怀里。
- 和宝宝微笑着对视一会儿。
- 喂宝宝吃两口奶或喝点儿水。
- 给宝宝做一些温柔的抚触和按摩。

若是宝宝醒后突然皱着眉头哭闹，或者用力踹蹬四肢，情绪极其不稳定，小脸蛋儿涨得通红，很可能是睡眠过程中尿了或者拉了，妈妈要及时检查宝宝的尿布，并进行更换，以防宝宝患上尿布疹等不适。

温馨提示

就宝宝的安全、母婴的睡眠质量和日后的睡眠习惯来说，建议母婴同房不同床，即将宝宝的小床放在父母大床的旁边，让宝宝听见他父母熟悉的声音，知道父母就在附近，这样不仅能给宝宝安全感，还便于父母照顾宝宝。

经常揉眼睛
——困了或眼睛发炎

宝宝经常揉眼睛，可能是生理性需求——犯困了，也可能是病理性表现——眼睛发炎或有其他眼部疾病，妈妈要留心分辨，并正确处理宝宝揉眼。

宝宝犯困应及时哄睡

前面我们已经介绍过了，当宝宝不爱搭理人、无精打采时，很可能是犯困了。如果妈妈发现宝宝的身体并无异常，而只是单纯地频繁揉眼睛，就要考虑他是否犯困需要睡觉了，如果是的话，应顺应宝宝的需要，及时让他入睡。

眼部发炎需正确处理

眼睛发炎一般是由于感染了细菌、病毒等引起的，还可能与睡眠过程中一些昆虫叮咬等有关，如果宝宝的眼部出现了发炎、红肿等不适，他也会通过频繁揉眼睛向妈妈传达。这时候，妈妈要学会正确处理。

◆尽量不要让宝宝用手去触碰眼睛，因为手上的细菌很多，经常用手触碰，会加重病情。

◆如果是母乳喂养的宝宝，妈妈应尽量少吃辛辣、刺激的食物；开始吃辅食的宝宝，食物也要尽量清淡。

◆如果宝宝的病情严重，应尽快带他去医院就诊，由医生通过检查，进行处理。切勿擅自给宝宝用药。

总是抓头发
——长湿疹或是生气了

如果你发现宝宝最近总是用手抓头发，那么，这可能预示了两种情况，要么是长了湿疹，要么就是宝宝生气了。

关于湿疹，你了解多少

湿疹是一种常见的过敏性皮肤病，多见于过敏体质的宝宝。患有湿疹的宝宝起初皮肤发红、出现皮疹，继之皮肤脱屑。

湿疹的主要病因是宝宝对食入物、吸入物或接触物不耐受或过敏，在遇热、遇湿时都会使湿疹的病情加重。湿疹好发于头面部，如额部、双颊、头顶部，以后逐渐蔓延至颌、颈、肩、背、臀、四肢，甚至可以泛发全身。因此，当宝宝患上湿疹时，可能会出现抓头发、挠身体等表现。

如果宝宝只是患有轻微的湿疹，一般可以不用去医院治疗，父母只需加强生活护理，并调整宝宝的生活环境即可；如果湿疹很严重，同时伴有发烧、感染等症状，应尽快就医。

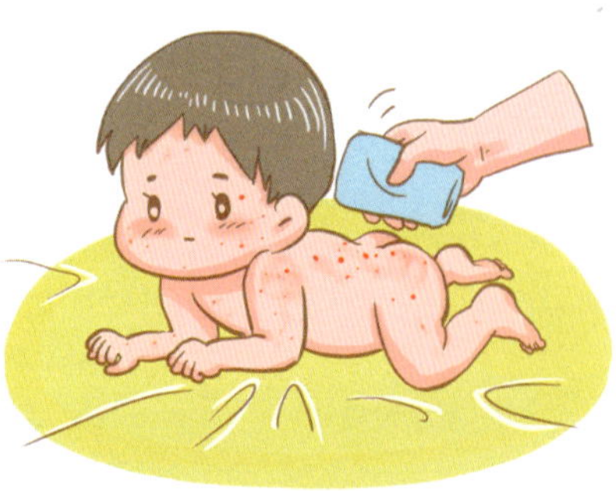

宝宝生气时，妈妈怎么办

如果妈妈检查宝宝的身体状况良好，那么他可能是生气导致的抓头发。此时妈妈要找出宝宝生气的原因，并用正确的方式安抚宝宝的情绪，让他尽快恢复平静。